河西地区菘蓝水氮高效利用理论与技术

王玉才　王泽义　李福强　何秀成　著

黄河水利出版社
·郑州·

内 容 提 要

本书基于2018—2019年甘肃省张掖市民乐县益民灌溉试验站菘蓝大田试验的数据,针对河西地区菘蓝生产中普遍采用的漫灌和施氮过量的问题,开展菘蓝水氮调亏试验研究与分析,并在此基础上,运用数学模型和算法,对菘蓝的最佳灌溉制度进行了模拟和优化,阐述了本书研究团队在河西地区研究菘蓝水氮高效利用的理论和技术成果。

本书可供从事菘蓝相关研究的同行、学者阅读参考。

图书在版编目(CIP)数据

河西地区菘蓝水氮高效利用理论与技术 / 王玉才等
著. -- 郑州 : 黄河水利出版社, 2024. 9. -- ISBN 978-
7-5509-4001-7

Ⅰ. S153.6

中国国家版本馆 CIP 数据核字第 20240VV736 号

策划编辑:杨雯惠　　电话:0371-66020903　　E-mail:yangwenhui923@163.com

责任编辑	王文科	责任校对	王单飞
封面设计	李思璇	责任监制	常红昕

出版发行　黄河水利出版社
　　　　　地址:河南省郑州市顺河路49号　邮政编码:450003
　　　　　网址:www.yrcp.com　E-mail:hhslcbs@126.com
　　　　　发行部电话:0371-66020550
承印单位　河南博之雅印务有限公司
开　　本　787 mm×1 092 mm　1/16
印　　张　10
字　　数　237 千字
版次印次　2024 年 9 月第 1 版　　　　2024 年 9 月第 1 次印刷
定　　价　80.00 元

前　言

　　张掖市作为河西走廊内特色中药材重点产区之一,菘蓝种植一直是当地重要的中药材产业,菘蓝因需水量小,已成为河西地区大面积栽培的药用经济作物,其中属张掖市民乐县对菘蓝的栽培面积最大,特别在民乐县的洪水镇、六坝镇等乡镇,菘蓝种植面积逐年增加,当地农户对菘蓝的种植已有相当长的历史,积累了丰富的种植经验。

　　近年来,河西地区因连年种植菘蓝导致土地盐渍化、土壤板结,面临着种植基地的连作障碍严重、种植不合理导致的水土流失严重等问题,不利于产业的发展和甘肃省农业节水工作的有序推进。当地农户采用大水漫灌和大量施肥的种植模式来获取菘蓝高产量和高收益,导致菘蓝种植的灌水量大且水分利用效率很低;而且过量施用氮肥会导致硝态氮的淋溶和积累,造成严重的环境污染,进而威胁祁连山生态保护屏障。

　　针对河西地区菘蓝生产中普遍采用的漫灌和施氮过量的问题,本书研究团队于2018—2019年在甘肃省张掖市民乐县益民灌溉试验站进行大田试验,采用二因素裂区设计,灌水量为主处理,施氮量为副处理,研究水氮调控对河西地区菘蓝的生物效应。旨在揭示菘蓝的生长、产量、品质、土壤水分、土壤氮素平衡,以及水氮利用效率对水氮调控的响应机制,为该区菘蓝生产的高产、优质和高效提供科学依据。研究发现:灌水和施氮对菘蓝的产量、水氮利用效率、品质、生长、干物质积累、分配转运、光合作用、土壤贮水量、土壤剖面氮素含量、积累量及氮素平衡方面均有显著影响;灌水和施氮与产量的关系可以用二元二次回归模型表达,此模型预测的产量与真实产量较吻合,具有比较高的可靠性。

　　研究还发现,灌水和施氮的增产效应显著,灌水和施氮之间存在显著的正交互效应,且灌水对产量的作用大于施氮对产量的作用,过量的灌水和施氮会降低产量。

　　综合考虑高产、优质、资源节约和环境友好等因素,建议该区菘蓝生产采用节水至土壤含水量为田间持水量的70%~80%、减氮至200 kg/hm² 的水氮组合方案,此时板蓝根产量最大,为7 137~7 417 kg/hm²,板蓝根中靛蓝、靛玉红、(R,S)-告依春和多糖的含量均高于《中华人民共和国药典》规定的标准线。节水减氮可以实现菘蓝增产提质、环保增效的多赢目标。

　　本书共分为13章,在兼容并蓄国内外水肥(氮)调控效应研究的基础上,吸收高水效农业的相关研究成果,系统论述了河西地区菘蓝种植与水氮投入之间的关系,旨在探究水氮耦合对该地区菘蓝生长机制、水生产力及品质的影响,从而基于数学模型进行决策优选。第1章主要阐述水氮耦合与菘蓝水肥管理研究动态,第2章主要阐述菘蓝水氮调控实验设计与方法,第3章主要阐述水氮调控对菘蓝产量、水氮利用效率及品质的影响,第4章主要阐述水氮调控对菘蓝生长发育的影响,第5章主要阐述水氮调控对菘蓝光合特性的影响,第6章主要阐述水氮调控对土壤水分的影响,第7章主要阐述水氮调控对土壤氮素养分的影响,第8章主要阐述菘蓝水氮合理利用阈值,第9章主要阐述遗传算法在河西地区菘蓝水氮研究中的应用,第10章主要阐述粒子群算法在河西地区菘蓝水氮模式优化研究中的应用,第 11 章主要阐述菘蓝粒子群算法调亏灌溉决策优化模型求解,第 12 章主要阐述菘蓝粒子群算法的结果分析,第 13 章为结论与展望。

本书由甘肃农业大学王玉才、王泽义、李福强、何秀成著。具体编写分工如下:第 1 章由何秀成撰写,第 3~5 章由王玉才、何秀成、王泽义撰写,第 6~9 章由李福强撰写,第 9~13 章由王泽义撰写,全书由王玉才负责统稿。

本书得到了甘肃农业大学脱贫地区乡村振兴农业产业技术研究与示范推广专项任务、科技特派员(基地)专项(编号 23CXNA0032)项目的资助。本书在撰写过程中参考引用了许多文献资料,在此向有关作者和专家学者表示深深谢意。黄河水利出版社在本书出版过程中给予了大力支持和帮助,并对本书的统稿编排提出了建设性建议,在此表示衷心的感谢!

因作者水平有限、经验不足和时间仓促,缺点疏误在所难免,恳请读者批评指正。

作　者

2024 年 5 月

目　录

第1章　水氮耦合与菘蓝水肥管理研究动态 ················· （1）

　　1.1　水肥耦合原理 ···································· （1）

　　1.2　滴灌条件下的水肥耦合调控技术 ··················· （3）

　　1.3　水肥耦合模型及调控应用 ························· （6）

　　1.4　国内外研究进展 ································· （7）

　　1.5　水氮耦合与调亏灌溉、非充分灌溉之间的联系与区别 ······· （12）

　　1.6　研究目标、内容及技术路线 ························ （13）

第2章　试验设计与方法 ································· （15）

　　2.1　试验区概况 ···································· （15）

　　2.2　试验材料 ····································· （16）

　　2.3　试验设计 ····································· （16）

　　2.4　田间管理 ····································· （18）

　　2.5　测定项目及方法 ································· （19）

　　2.6　相关指标计算 ·································· （20）

　　2.7　数据处理 ····································· （21）

第3章　水氮调控对菘蓝产量、水氮利用效率及品质的影响 ······· （22）

　　3.1　不同水氮处理对板蓝根产量的影响 ··················· （22）

　　3.2　不同水氮处理对大青叶产量的影响 ··················· （24）

　　3.3　不同水氮处理对菘蓝水分利用效率的影响 ··············· （25）

　　3.4　不同水氮处理对菘蓝氮肥利用效率的影响 ··············· （27）

　　3.5　不同水氮处理对板蓝根品质的影响 ··················· （28）

　　3.6　本章小结 ····································· （32）

第4章　水氮调控对菘蓝生长发育的影响 ···················· （35）

　　4.1　不同水氮处理对菘蓝生长指标的影响 ················· （35）

　　4.2　不同水氮处理对菘蓝干物质积累量的影响 ··············· （36）

　　4.3　不同水氮处理对收获期菘蓝干物质分配的影响 ············· （44）

　　4.4　本章小结 ····································· （46）

第5章　水氮调控对菘蓝光合特性的影响 ···················· （48）

　　5.1　不同水氮处理对菘蓝叶片净光合速率的影响 ············· （48）

　　5.2　不同水氮处理对菘蓝叶片气孔导度的影响 ··············· （49）

　　5.3　不同水氮处理对菘蓝叶片蒸腾速率的影响 ··············· （51）

　　5.4　不同水氮处理对菘蓝叶片胞间 CO_2 浓度的影响 ·········· （52）

　　5.5　不同水氮处理对菘蓝叶面积指数的影响 ················ （54）

5.6　本章小结 ·· (55)

第6章　水氮调控对土壤水分的影响 ································· (57)

6.1　菘蓝全生育期气象因子的变化 ····························· (57)

6.2　不同水氮处理对 0~160 cm 土层土壤贮水量的影响 ············ (64)

6.3　不同水氮处理对菘蓝总耗水量和不同来源水分占比的影响 ····· (65)

6.4　不同水氮处理对菘蓝耗水特性的影响 ······················ (68)

6.5　本章小结 ·· (70)

第7章　水氮调控对土壤氮素养分的影响 ························· (71)

7.1　不同水氮处理对 0~160 cm 土层土壤无机氮含量的影响 ········ (71)

7.2　不同水氮处理对 0~160 cm 土层土壤无机氮积累量的影响 ······ (74)

7.3　不同水氮处理对土壤-作物氮素平衡的影响 ················· (77)

7.4　不同水氮处理下植株对土壤氮素的利用情况 ·············· (79)

7.5　不同水氮处理对肥料氮去向的影响 ························· (80)

7.6　不同水氮处理对菘蓝氮肥利用率和硝态氮淋失量的影响 ······· (82)

7.7　本章小结 ·· (83)

第8章　菘蓝水氮合理利用阈值 ···································· (86)

8.1　灌水和施氮对菘蓝产量的回归模型建立 ·················· (86)

8.2　灌水和施氮对菘蓝产量影响的模型解析 ·················· (88)

8.3　灌水和施氮最优组合方案的确定 ··························· (91)

8.4　本章小结 ·· (94)

第9章　遗传算法在河西地区菘蓝水氮研究中的应用 ········· (95)

9.1　遗传算法的基本理论 ··· (95)

9.2　遗传算法的基本特点 ··· (96)

9.3　遗传算法的实现过程 ··· (96)

9.4　河西地区菘蓝调亏灌溉决策优化模型建立 ················ (105)

9.5　本章小结 ·· (109)

第10章　粒子群算法在河西地区菘蓝水氮模式优化研究中的应用 ···· (110)

10.1　智能算法在水氮调控中的应用现状 ······················ (110)

10.2　粒子群算法基本理论 ·· (111)

10.3　改进的粒子群算法 ·· (112)

10.4　粒子群算法的实现过程 ····································· (112)

10.5　粒子群优化算法的参数分析 ······························ (115)

10.6　基于粒子群优化算法的河西地区菘蓝水氮调控模型 ······· (116)

第11章　菘蓝粒子群算法调亏灌溉决策优化模型求解 ········· (121)

11.1　基于粒子群算法的菘蓝调亏灌溉试验设计 ··············· (121)

11.2　试验结果分析 ·· (122)

11.3　本章小结 ··· (125)

第 12 章 菘蓝粒子群算法的结果分析 ·· （126）

　　12.1 粒子群算法相关参数设置 ··· （126）

　　12.2 参数校验 ·· （127）

　　12.3 粒子群算法对水氮函数模型求解 ································· （129）

　　12.4 菘蓝种植中水氮成本对经济效益的影响 ····················· （131）

　　12.5 本章小结 ··· （132）

第 13 章 结论与展望 ·· （133）

　　13.1 河西地区菘蓝水氮调控效应研究的主要结论 ·············· （133）

　　13.2 遗传算法在优化菘蓝调亏灌溉决策中应用的总结 ········· （137）

　　13.3 粒子群算法在优化菘蓝水氮调控中应用的总结 ··········· （137）

　　13.4 展 望 ··· （138）

参考文献 ·· （139）

第1章　水氮耦合与菘蓝水肥管理研究动态

水是农业的命脉,氮是作物生长发育最重要的矿物必需元素。水和氮是限制作物增产提质的两大因子,农业生产中不合理的灌水和施氮往往很难增产增效,反而会降低作物品质和水氮利用效率,增加土壤硝态氮累积和环境污染的风险。联合国粮食及农业组织(FAO)统计表明,化肥对发展中国家粮食的增产作用占比高达55%,化肥中的氮肥增产作用尤为突出,合理施用氮肥的增产贡献率为45%~75%。可见,化肥(尤其是氮肥)对农业生产的作用非常重要。进入20世纪90年代以来,农业生产中氮肥的大量投入严重影响了全球的生物地球化学循环,引发了水体、土壤、大气甚至整个生态系统的氮素污染等系列环境问题,并且水资源短缺和干旱对全球范围内的农业生产均产生了重要影响。我国属于世界上严重缺水的国家之一,淡水资源总量2.8万亿 m^3,人均水资源量2 173 m^3,仅为世界人均水平的1/4。同样,我国农业用水严重不足,农业用水量约占水资源总量的65%,农业灌溉水和自然降水的利用效率只有40%~50%,与发达国家70%~80%的利用效率存在较大的差距。肥料和水分利用效率低严重制约着我国的农业生产,因此当前农业面临的重要问题是如何在有限的水分条件下提高水和肥料的利用效率。

灌水和施肥是农业生产投入的两大主要因素,也是调控作物生长和产量形成的两大重要技术措施,并且水分和养分对作物生长发育存在着交互作用。

1.1　水肥耦合原理

1.1.1　水肥耦合概念

耦合是物理学的一个概念。它是指两个(或两个以上的)体系或运动形式之间通过各种相互作用而彼此影响的现象。例如,两个或两个以上的电路构成一个网络时,其中某一个电路中电流或电压发生变化,能影响到其他电路也发生相应的变化,这种现象叫作电路的耦合。耦合的作用就是把某一电路的能量传送到其他的电路中去。水肥耦合是这一物理学概念在农业生产中的借用。因为在农业生产中,水、肥两因素直接影响作物的产量、品质和效益。同时,水、肥对作物生长的影响也不是孤立的,而是相互作用、相互影响的。因此,水肥耦合是指农业生态系统中水分和肥料之间或水分与肥料中的氮、磷、钾等因素之间的相互作用对作物生长的影响及其利用效率。水肥耦合效应是指水肥耦合对作物生长(尤其是产量)和水肥利用效率影响的宏观效果。水肥调控是指在一定条件下到达最优水肥耦合效应的灌水和施肥的各项工程与农艺措施。

1.1.2　以肥调水的机制

在农业生产中,由于土壤中的养分不断被作物吸收利用,因而导致土壤中的养分逐渐不足。因此,施肥就成为提高作物产量和质量的一个重要手段。不仅如此,施肥还能显著地提高水分利用效率,使有限的降水(灌溉水)发挥更大的增产作用。

1. 促根效应

根据根的趋水特性,施肥促进了根系生长发育,增大了容根层,从而扩大了根系觅取水分和养分的土壤空间。研究表明,施肥的促根效应主要体现在施肥增加了作物的扎根深度和数量,提高了根系的生理功能和总体活力。旺盛的根系活动,必然会利用更多的土壤水分和养分。

2. 水分的补偿效应

对自然土壤而言,饱和含水量、田间持水量和凋萎湿度这些常用的土壤水分常数各有其固定的数值。但施肥后,饱和含水量、田间持水量随着施肥水平的提高而提高,而凋萎湿度并不随施肥水平而变化。因此,施肥会在一定程度上提高土壤水分的有效性。研究表明,在能形成经济产量的水分条件下,施肥水平越高,冬小麦利用深层水的能力就越强。施肥使冬小麦叶水势降低,增加了深层土壤水分上移的动力,使下层暂时处于束缚状态的水分活化,从而扩大了土壤水库的容量,提高了土壤水的利用效率,达到以肥调水的目的。

1.1.3　以水促肥的机制

水分可以从多方面促进养分发挥作用,提高肥料的利用率。

1. 水分对土壤养分矿化和有效化的影响

长期培养试验结果表明,不管在哪种温度下,也不管培养后多长时间浸取,土壤净矿化出来的硝态氮(由培养一定时间后取出来的硝态氮减去土壤起始硝态氮而得)均随供试范围内土壤水分含量(8%~29%)的增高而增高。

水分不仅影响土壤有机氮的矿化,还影响铵态氮在土壤中的硝化。试验结果表明,在试验的土壤水分含量范围(12%~27%)内,土壤水分含量越高,硝化速率越快,铵态氮就越容易向作物易吸收的硝态氮转化。因此,土壤水分对土壤养分的矿化和有效化有着直接且重要的作用。

2. 水分对土壤养分迁移的影响

硝态氮易随水下渗,越靠近地表层则含量越低,45 cm 以下土层含量明显高于耕作层土壤。除硝态氮外,其他养分在上部土层内的含量均高于下层土壤。全氮量主要分布在20 cm 以内土壤中,由上层往下层,梯级分布显著,45~55 cm 土层全氮量平均只有上层的一半。不同的灌水量对土壤养分迁移与分布有着一定的影响。

3. 水分对作物吸收养分的影响

作物吸收养分也是通过吸收水分来实现的,吸收养分实际上是吸收养分溶液的过程。试验研究结果表明,一定时段内,作物的养分吸收量 $Q(t)$ 与该时段内的土壤养分浓度 C_b 之间关系可以通过式(1-1)~式(1-3)来描述。

$$Q(t) = R \cdot F \tag{1-1}$$

式中:R 为鲜根重(新生根重);F 为根系养分吸收通量。

F 可用 Michanelis-Menten 方程给出:

$$F = F_{max} \frac{C_r}{K_m + C_r} \qquad (1\text{-}2)$$

式中:F_{max} 为最大养分吸收通量;C_r 为根系表面土壤养分浓度;K_m 为 $F = 0.5F_{max}$ 时 C_r 的值,称 Michanelis-Menten 常数。

根系表面土壤养分浓度 C_r 与土壤养分浓度 C_b 的关系可用式(1-3)表示:

$$C_b = C_r \left(1 + \frac{S}{K_m + C_r} \right) \qquad (1\text{-}3)$$

式中:S 为与作物根系特征和土壤溶液中养分扩散系数有关的经验系数。

综合分析式(1-1)~式(1-3)可知,在一定时段内,由于根系变化不大,作物对养分的吸收量主要取决于土壤养分浓度的高低。一般地,如果土壤水分含量过多,则土壤养分浓度过低,会导致作物对养分的吸收量减少,阻碍作物生长发育。如果土壤水分含量过低,则同样因作物吸水不够而减少对作物的吸收,影响作物的生长。

1.2　滴灌条件下的水肥耦合调控技术

滴灌施肥是在滴灌技术的基础上发展起来的。现代滴灌技术方法于 1960 年左右开始于以色列,之后美国、澳大利亚、南非等陆续开展了这一方面的研究和应用,并在世界其他一些地方推广应用。滴灌属于局部灌溉的方式,滴灌条件下的水肥环境较容易得到控制。在灌水时通常将含有肥料的溶液与灌溉水结合在一起,同时运移到作物的根部,达到真正意义上的水肥同步供应。理论上,还可以根据作物生长的生理特征和土壤-作物系统中溶质运移的原理,有效地调配施用肥料的种类、浓度、比例和时期,将作物所需的水分和养分准时、精确地输运到作物根层土壤中,供作物吸收利用,这样既可以显著地减少水分和养分的损失、提高水分和养分的利用效率,又可以有效地防止肥料对环境的污染。

1.2.1　滴灌施肥的主要特点

1. 简化田间施肥作业,减少施肥用工

滴灌施肥时,仅需增添一些必要的设备就可以做到自动施肥。这样施肥时人不进入田间操作,既可避免人工施肥或机具活动压实土壤,又可以避免作物生长期内常规方法施肥造成作物根、茎、叶的损伤。

2. 节约用肥,提高水肥利用效率

滴灌施肥可实现真正意义上的水肥同步供应,并输运到根系发达的部位,有利于作物吸收利用,可发挥水肥二者的协同作用。将肥料直接施入根区,降低了肥料与土壤的接触面积,减少了土壤对肥料中某些养分的固定。同时,又减少了肥料向深层土壤淋失,显著地提高了水、肥的利用效率。

3. 按需配方,适时、适量施肥,防止土壤和环境的污染

滴灌施肥过程中,可根据气候、土壤条件、作物不同生长发育阶段的营养特点,按需调

配供应养分的种类、比例、浓度等,适时、适量地将养分溶液输运到作物根系部位。同时,又可严格控制灌溉用水量及施用化肥剂量,可避免将化肥淋溶到深层土壤,造成土壤和地下水污染。

4. 滴灌施肥可用于多种作物栽培条件

目前,国内外滴灌施肥不仅成功地应用在温室大棚条件下的作物种植,而且国外还有利用滴灌施肥开发沙漠、进行商品化种植的成功经验。另外,在我国新疆和甘肃等地膜下滴灌发展很快,在露天条件下种植棉花、加工番茄等经济作物,滴灌施肥较好地解决了追肥的困难。

1.2.2 滴灌施肥系统中的注肥设施

将肥液注入滴灌管道有很多种方法可供选用,可根据动力(电源、柴油等)、注肥装置是否需要移动、施肥规模、投资能力等条件决定。常见的注肥设施有以下几种。

1. 自压注入

自压注入比较简单,不需要额外的加压设备,而肥液只依靠重力作用自压进入管道。如在位于日光大棚温室的进水一侧,在高出地面 1 m 的高度上修建容积为 2 m³ 左右的蓄水池,滴灌用水先存储在蓄水池内,以利水温提高,蓄水池与滴灌的管道连通,在连接处安装过滤设施。施肥时,将化肥倒入蓄水池进行搅拌,待充分溶解后,即可进行滴灌施肥。又例如,在丘陵坡地滴灌系统的高处,选择适宜高度修建化肥池用来制备肥液,化肥池与滴灌系统用管道相连接,肥液可自压进入滴灌管道系统。这种简易方法的缺点是水位变动幅度较大,滴水、滴肥流量前后不均一。

2. 文丘里注肥装置

文丘里注肥装置的工作原理是液体流经缩小过流断面的喉部时流速加大,利用在喉部处的负压吸入肥液。其优点是装置简单,没有运动部件,不需要额外动力,成本低廉,肥料溶液存放在敞开容器中,通过软管与文丘里喉部连接,即可将肥液吸入滴灌管道。缺点是在吸肥过程中压力水头损失较大,只有当文丘里管的进、出口压力的差值($P_进-P_出$)达到一定值时才能吸肥,一般要损失 1/3 的进口压力;工作时对压力和流量的变化较为敏感,其运行工况的波动会造成水肥混合比的波动。因此,这种吸肥方式适用于管道中的水压力较充足,经过文丘里管后,余压足以维持滴灌系统正常运行及压力和流量能保持恒定的场合。为防止停止供水后主管道中的水进入肥液罐,设有止回阀。文丘里注肥装置配有流量阀,以便率定和监测肥液流量。

3. 压差式施肥装置

压差式施肥装置由肥液罐、连通主管道和肥液罐的进水和排肥液细管及主管上两细管接点之间的恒定降压装置或节制阀组成。适度关闭节制阀使肥液罐进水点与排液点之间形成压差(1~2 m)水头差,使恒定降压装置或节制阀前的一部分水流通过进水管进入肥液罐,进水管道直达罐底,掺混肥液,再由排液管注入节制阀后的主管道。

压差式施肥装置的优点是结构比较简单,操作较方便,不需外加动力,投入较低,体积较小,移动方便,对系统流量和压力变化不敏感;缺点是施肥过程中肥液被逐渐稀释,浓度不能保持恒定。当灌溉周期短时,操作频繁且不能实现自动化控制。肥液罐装入肥液后是密封压力罐,必须能承受滴灌系统的工作压力。罐体涂料有防腐要求。

4. 注肥泵

按驱动方式分,注肥泵包括水力驱动和其他驱动两种形式。水动注肥泵是利用一小部分灌溉水驱动活塞或隔膜将水注入灌溉管道。其优点是不需要外加动力;缺点是需要为活塞弃水设置排水出路。一般排水量与注入的肥液量之比为 2:1~4:1。注肥泵类型包括活塞式水动注肥泵、隔膜式水动注肥泵、活塞式注肥泵等。

1.2.3　滴灌施肥技术的应用

自 1970 年左右开始,以色列、美国等国的研究人员先后开展了滴灌施肥方面的试验研究,肯定了这一施肥措施的效果。1995 年在以色列海法市以色列理工学院召开的灌溉施肥国际学术会议,对全球范围的滴灌施肥技术进行了交流和总结。我国开展这一方面的研究工作始于 20 世纪 90 年代初期,科研院所和高等院校的有关科研工作者,在田间或温室大棚进行了一些滴灌施肥的试验研究。经过多年的科研探索以及推广应用,已积累了一定实践经验,使得滴灌施肥技术不断完善,并在一些地区已取得较好的使用效果。

果树是世界上应用滴灌面积最大的作物种类,约占世界总滴灌面积的 72%。应用的果树种类有柑橘、香蕉、葡萄、苹果、桃和鳄梨等。滴灌施肥实践表明,滴灌施肥与肥料撒施相比不仅可使得果树增产、果质提高,而且减少了硝态氮的淋溶损失,节约了肥料,保护了环境。

蔬菜是应用滴灌面积较广的另一类作物,约占世界总滴灌面积的 16%,涉及的主要蔬菜种类有番茄、黄瓜、辣椒、草莓、马铃薯等。滴灌施肥技术既可应用于设施栽培蔬菜,也可用于大田露地蔬菜栽培。设施栽培,特别是基质栽培蔬菜,应用滴灌施肥更广泛。我国南北方的一些温室大棚使用滴灌施肥的试验研究表明,滴灌施肥量可减少 30% 左右;土壤传播的病害明显减轻,部分农药可减少近 50% 的用量,有效地防止了土壤恶化和地下水污染,改善了产品的品质,产量提高 15%~20%,节约用工 10% 左右。

玉米、小麦、棉花等大田作物也有应用滴灌施肥的尝试。由于这些作物经济价值相对较低,因此应用滴灌施肥的面积较小。但是,近年来新疆开发并推广应用的膜下滴灌施肥技术不仅发展面积大,发展势头猛,而且取得了规模型的节水、节肥的效果。据新疆农垦科学院的测定,当地形坡面较陡(坡度 6%~8%)时,沟灌会造成土壤冲刷、水土流失,不利于作物对养分的吸收利用。在常规灌溉种植条件下,每公顷棉花需施化肥 900 kg、油渣 750 kg,肥料利用率 30%~40%。采用膜下滴灌,水、肥、农药及其他微量元素配置成混合溶液施入,并根据作物不同生育期的需要,加以灵活调控,肥料通过扩散和离子交换能及时被作物吸收,避免地面灌溉开沟追肥造成的冲刷、挥发、深层渗漏等损失。采用膜下滴灌施肥技术,每公顷化肥施入量仅为 420 kg,比常规施肥节省 53.3%。同时,由于膜下滴灌为作物提供了良好的水、肥、气、热等环境,提高了棉花产量和品质,棉花生育进程加快,植株健壮。这对于热量相对不足的新疆棉花区来说十分有利。

新疆石河子大学研究人员对膜下滴灌条件下棉花水肥耦合效应进行了田间试验研究,结果表明,膜下滴灌条件下,水肥因素对棉花产量影响很大。在干旱胁迫条件下,随着施肥量的增加,产量明显提高,但限制产量进一步提高的主导因素是水分。棉花花铃期水分控制在田间持水量的 60%~65%,以每次灌水 375 m³/hm²、间隔期 6~8 d 较为合理。膜下滴灌棉田随水根施化肥应控制在纯氮 150 kg/hm² 左右,且以少量多次施用为宜。

1.3 水肥耦合模型及调控应用

要使不同灌溉条件下的作物获得期望的产量,在理论上存在着与之相应的最佳水肥耦合模式。但这种模式在农业生产实施过程中往往同预期结果还有不小的差异。这种差异的存在,很大程度上是由于影响农业生产因素的复杂性所致。同时,水肥条件以外的其他技术因素也影响着这种最佳水肥耦合模式在农业生产中的再现性。尽管如此,目前世界各国有关科技工作者研究的热点问题之一是如何获得作物的最佳水肥耦合模式。多数情况下,是采用某一种灌水方式,针对特定的作物,设计不同的灌水和施肥处理,进行田间试验或盆栽试验,从而获得类似条件下的较优水肥时量组合模式。在研究基础与设施条件较好的情况下,也可以根据作物生长的生理特征和养分、水分在土壤-作物系统中的运移与转化原理,建立数学模型,应用电子计算机进行数值模拟,进而获得不同条件下作物的最优水肥耦合模式。但为了对所建立的数学模型进行验证,还必须进行田间试验。由于后一种方法需要大量的作物生长和土壤理化参数,因此目前尚处于研究探索之中。目前,常采用前一种方法建立水肥耦合模型。

1.3.1 直接耦合模型

根据实际田间试验的结果,直接建立回归数学模型,其通式为:
$$y = b_0 + b_1 N + b_2 P + b_3 W + b_4 NP + b_5 NW + b_6 PW + b_7 N^2 + b_8 P^2 + b_9 W^2 \quad (1-4)$$
式中:y 为产量;N 为氮肥施用量;P 为磷肥施用量;W 为灌水量;$b_0 \sim b_9$ 为回归系数。

1.3.2 转换耦合模型

直接耦合模型是在水肥控制条件下取得的。而在田间条件下,由于水分难以控制,直接建立水肥耦合模型比较困难,此时,可建立如下的转换耦合模型:

(1)建立肥料效应函数式:
$$y = b_0 + b_1 X + b_2 X^2 \quad (1-5)$$
(2)建立 b_i 与土壤水分 W 的关系式:
$$b_i = A_i + B_i W \quad (1-6)$$
(3)建立水肥耦合模型:
$$y = (A_0 + B_0 W) + (A_1 + B_1 W) X + (A_2 + B_2 W) X^2 \quad (1-7)$$
显然,式(1-7)是将式(1-5)代入式(1-6)而获得的。式中的 W 可代表底墒、地面灌水量和总墒(地面灌水+底墒)。

1.3.3 水氮调控理论技术方法的应用

在河西地区,高效利用菘蓝的水分和氮肥对于农业可持续发展和保持作物品质至关重要。可从以下角度对水氮调控的理论和技术方法进行应用。

1. 节水技术

滴灌系统直接将水输送到植物根部,减少了蒸发并降低了用水量。施肥灌溉可以将肥料与灌溉结合,确保养分随着水一起高效送达,减少了过度灌溉的需要。使用传感器测量土壤湿度水平,有助于根据实际植物需求而不是固定时间表来安排灌溉。

2. 氮肥管理策略

选定最佳的施肥时机,在植物生长关键时期和养分需求最大的时间施用氮肥,可以增强吸收并减少损失。同时,若能使这些肥料缓慢释放养分,则可以确保稳定供应并减少氮肥流失或挥发的风险,提高氮肥利用效率。

3. 综合作物管理

进行作物轮作,与其他作物轮作可以帮助维持土壤健康,减少害虫和疾病压力。播前施加有机添加物(堆肥或农家肥)可以改善土壤结构,提高水分保持能力,并提供缓慢释放的氮源。随着"3S"技术的应用和成熟,使用 GPS 和 GIS 技术进行现场特定管理,可以优化水和氮肥等投入品的放置,有效提升农业生产效率。

4. 农艺措施

应用有机或无机覆盖物可以保持土壤水分并减少杂草竞争水分和氮肥。田间管理期间,有效的杂草管理可以减少资源竞争,使植物能更好地利用水和氮。探索不同的种植模式,也能够配合水氮调控技术促进地区稳产提质增效。

1.4　国内外研究进展

1.4.1　水氮调控对作物生长指标的影响

水、氮对作物生长的作用不是孤立的,而是相互作用、相互影响的。试验表明,灌水量对棉花生长有显著的影响,棉花株高、茎粗、叶面积指数(LAI)均随着灌水量的增加而增加,且灌水量对棉花 LAI 的影响效应大于施氮量。吕凤华等在玉米上的研究发现,水分亏缺条件下,氮肥对株高和叶面积起抑制作用;水分充足的条件下,株高和叶面积随施氮量的增加而显著增加;同一土壤水分条件下,施氮可增加植株叶面积,但对株高的影响不大;水分对干物质积累的作用高于氮肥;适量增施氮肥有利于作物对土壤水分的吸收,适当的水分亏缺有利于植株根系的生长发育;过量灌水、过量施氮不利于根系生长,根系衰老加快。李韵珠等在冬小麦、夏玉米上的试验结果表明,灌水和施氮显著影响着作物的根长及其垂直分布、根长密度和根冠比,在灌水和施氮严重胁迫条件下,根系生长发育受到严重的抑制。彭涛涛等研究水氮调控对玉米根系及产量的影响表明,正常灌水条件下,增施氮肥有利于根和茎的干物质增加。在灌水和施氮两个因子中,当一个因子受限时,通过合理调控另外一个因子对植株根长、根表面积、根体积和根直径均可起到促进作用。可见,在合理范围内,灌水和施氮对作物生长都有显著的促进作用,过量灌水和过量施氮均不利于作物生长,且灌水和施氮之间存在明显的互作效应。

1.4.2　水氮调控对作物干物质积累的影响

干物质积累是构成作物产量形成的物质基础,干物质的分配方向是决定作物收获器官产量高低的重要因素。孟亮等在辣椒水肥一体化试验上的研究结果表明,水肥一体化技术显著增加了辣椒植株干物质的积累,并提高了果实中的分配比例。董剑等在小麦田间试验上的研究发现,灌水促进了干物质向营养器官的分配和积累,从而抑制了小麦籽粒干物质的分配和积累;小麦干物质氮素积累、分配和转运受施氮量的影响差异不显著。何万春等研究发现,施氮显著影响着马铃薯干物质积累,供氮不足时源器官生长受限;供氮过量时生长发育推迟,库源关系的失调是导致马铃薯干物质积累和块茎产量变化的主要原因。适当增加灌水量可以促进各营养器官中干物质向籽粒转运。侯森等在棉花上的研究表明,施肥量对棉花铃的干物质积累量影响最大,合理的灌水有利于植株干物质的累积。范雪梅等的研究表明,在土壤水分不足的条件下,营养器官花前储藏物质总运转量和运转率以及籽粒重和花后同化物输入籽粒量随施氮量的增加而增加,在过量灌水条件下增施氮肥趋势相反。马东辉等认为,施氮量在 300 kg/hm^2 以内时,干物质转移量随氮肥的增加而增加。龚江等研究认为灌水在棉花干物质积累中的作用大于施氮,而冯淑梅等的研究结果相反,认为对作物干物质积累过程中施氮的作用大于灌水。可见,适量地增加灌水和施氮,均有利于作物干物质的积累,且灌水和施氮对植株干物质积累存在交互效应。

1.4.3　水氮调控对作物生理指标的影响

光合作用是植物利用光能将二氧化碳(CO_2)和水等无机物合成有机物,同时释放出氧气的过程,是作物生长发育和产量形成的基础。光合作用为地球上几乎全部生命活动提供有机物质、能量以及氧气。光合指标反映植物固定二氧化碳和干物质积累的能力以及水分利用效率,是衡量植物是否健康生长的一项重要指标。植株光合作用主要受到叶肉细胞光合活性和气孔因素的影响。土壤干旱条件下,植株叶片气孔关闭,光合作用减弱。董博等的研究表明,在干旱条件下,春小麦叶片的光合速率与水分利用效率呈线性正相关,增加氮肥施用量能够有效地缓解因干旱条件下光合速率减缓造成的伤害。程铭正等关于冬小麦的田间试验表明,中水中氮和中水高氮组合均有利于小麦花后旗叶维持较高的光合速率和叶绿素含量(SPAD 值)。李银坤等在温室黄瓜上的试验表明,适量地减水、减氮,黄瓜净光合速率下降不显著,节水、减氮至 5 190 m^3/hm^2 和 600 kg/hm^2 时,黄瓜增产 4.21%。氮素是构成植物光合作用相关酶的必需元素,因此施氮量是调控植物光合作用的重要因子。葛君等研究发现,不同供氮量对小麦光合特性、叶绿素含量影响显著。施氮量在 0~245 kg/hm^2 内,光合速率、SPAD 值随施氮量的增加而增加,供氮量至 245 kg/hm^2 时光合速率、SPAD 值较对照组分别增加 142.51% 和 3.05%,达到最大值;供氮量至 315 kg/hm^2 时以上指标均下降。气孔导度和蒸腾速率的变化一致,供氮量至 175 kg/hm^2 时值最大,分别较对照组提高 89.16% 和 165.91%。胞间 CO_2 浓度与光合速率呈负相关。

王婷婷等在水稻上的研究发现,光合碳在土壤-水稻系统中的累积随施氮量的增加而增加,但光合碳在根系中的分配随之降低了,干湿交替更有利于光合碳向土壤中的传输与累积,光合碳的传输与分配受水氮调控的显著影响。张彦群等关于冬小麦施氮增产的光合生理响应试验结果表明,充分滴灌条件下,冬小麦叶光合功能持续期随施氮量的增加而延长,增施氮肥能够提高植株光合能力和表观光量子羧化效率,以施氮量 207 kg/hm² 的处理最为显著。陈骙骙等研究发现,水氮调控对小麦光合指标影响显著,随着施氮量的增加,光合速率、蒸腾速率、瞬时水分利用效率均呈现升高趋势;光合速率、蒸腾速率随土壤水分的增加而增加,而瞬时水分利用效率却随土壤水分的增加而下降。樊吴静等研究发现,水分和氮肥在促进旱藕生长发育、提高叶片光合作用和增加块根产量方面具有显著的交互效应,旱藕叶片净光合速率、气孔导度、蒸腾速率随灌水量和施氮量的增加均呈现上升趋势,而胞间 CO_2 浓度的变化则相反。植物体中有机物的合成主要来源于叶片的光合作用,在植物全生育期内,叶面积增长状况与作物的生长发育、干物质积累量和叶面积指数均呈现显著的正相关关系。叶面积指数能够反映作物群体大小,适宜的叶面积指数是作物高产的基础。一般来说,光合速率与蒸腾速率、气孔导度呈线性正相关,光合速率与胞间 CO_2 浓度呈线性负相关,灌水和施氮均能提高光合速率、蒸腾速率,灌水的作用往往大于施氮。

1.4.4　水氮调控对作物产量的影响

产量是农业生产永恒追求的目标,灌水和施氮相互影响、制约着作物产量的形成。Tewolde H 等研究发现,水、氮供应不足会抑制生长,导致作物产量下降。Hamzei J 等研究发现,水、氮供应过量会促使油菜营养生长过旺,其籽粒产量反而下降。何昌福等研究发现,马铃薯的产量受施氮量影响显著,随着施氮量的增加,马铃薯产量先增加后减小,施氮量过高时马铃薯开始减产。张仁陟等在陇东半湿润易旱地区冬小麦中的研究表明,施氮促进了冬小麦根系生长,与不施肥处理相比,施氮提高产量和水分利用效率幅度为92.8%和79.7%。同延安等研究发现,施氮可显著提高冬小麦的籽粒、秸秆产量,但过量施用氮肥对籽粒和秸秆增产不显著,各施氮处理的氮肥利用率在 34.2%~38.3%,随施氮量增加而略有降低。高娜等研究发现,灌水水平与施氮量对小油菜的产量均有显著影响,产量随着灌水水平和施氮量的增加先增加后减小,均呈抛物线趋势。朱倩倩等在饲料油菜试验的研究中发现,同一灌水水平下,随着施氮量的增加,油菜单株鲜重、干重和产量均提高;同一施氮水平下,随着灌水量的增加,饲料油菜单株鲜重、干重和产量均表现为逐渐提高;增产效应灌水大于施氮,高水中氮处理的产量较低水低氮处理增幅达 86.9%。

买自珍等研究发现,膜下滴灌、施氮具有显著的增产效果。相同的灌水水平下,马铃薯产量随施氮量的增加而增加,且低氮条件时增产幅度大、高氮条件时增产幅度小,当施氮量超过 225 kg/hm² 时,马铃薯产量呈下降趋势。相同施氮水平下,施氮量依次为 75 kg/hm²、150 kg/hm²、225 kg/hm² 和 300 kg/hm² 时,马铃薯产量增产依次为 1 488.8 kg、303.0 kg、569.4 kg 和 125.0 kg,依次增产 7.76%、1.27%、2.21% 和 0.52%。在一定范围内,水、氮供应量与作物产量呈正相关,过量的灌水和施氮会导致作物减产,合理的灌水和施氮是作物高产的关键。

1.4.5　水氮调控对作物品质的影响

合理的灌水和施氮有利于作物高品质的形成。汪耀富等在烤烟大田试验中发现,灌水显著增加了烟叶叶片 K 含量和上等烟比例,降低了 Fe、Mn 含量,有利于烤烟品质的形成。王姣爱等研究发现,随着灌水次数的增加,冬小麦临优 145 营养品质指标增加,临汾 138 灌 2 次水的营养品质指标最高,且在返青、孕穗、灌浆时期灌水有利于品质形成。李秋霞等在小麦上的研究表明,灌水显著影响着小麦蛋白质产量、白蛋白含量、球蛋白含量、籽粒硬度和容重等品质指标,小麦籽粒蛋白质产量和吸水率随灌水次数增加而增加,而小麦籽粒蛋白质含量、硬度、容重及面团形成时间、稳定时间、拉伸阻力和比例均随灌水次数增加而降低。灌水和施氮的交互作用显著影响着小麦籽粒蛋白质产量和籽粒蛋白质含量、籽粒硬度、容重等品质指标。张军等在番茄上的研究表明,番茄在中水中肥和低水中肥条件下综合品质表现较好,水分或肥料过多均会造成番茄品质下降。

姜涛等系统研究了不同氮肥运筹方式对夏玉米产量、品质的影响,认为在一定施氮范围内,随着施氮量的增加,玉米粗蛋白、粗淀粉和粗脂肪等营养品质指标随之提高,施氮量超过一定范围之后,玉米品质指标不但不增加,甚至有所降低。周栋等研究不同施氮量对旱地冬小麦籽粒加工品质的影响发现,施氮量在 $0 \sim 180 \ kg/hm^2$ 内,籽粒蛋白质含量、湿面筋等参数都随施氮量的增加而增加,施氮量超过 $180 \ kg/hm^2$ 后,除面团形成时间外,其余品质参数均表现为下降趋势。曾化伟在辣椒试验上发现,相同的土壤水分含量条件下,N1 较 N0 和 N2 处理显著增加辣椒素含量和维生素 C 含量,但过多施氮导致辣椒素、维生素 C 含量下降;同一施氮量,不同土壤水分含量之间辣椒素含量均达到显著差异,W3 与 W1 相比维生素 C 含量差异显著。可见,合理的水氮调控有利于提升作物的品质指标,过量或者严重的水氮胁迫条件均不利于作物优良品质的形成。

1.4.6　水氮调控对土壤水分的影响

水资源匮乏已经成为西北干旱地区可持续农业发展的主要瓶颈,发展节水农业、提高水分利用效率显得非常重要。农田生态系统中水分循环受到灌水和施氮的重要影响,灌水和施氮影响着作物的耗水量。合理的灌水和施氮能缓解干旱和养分胁迫,增大光合面积和光合速率,增加产量和提高品质,进而提高水分和氮素的利用效率。随灌水量的增加,作物耗水量也增大,作物耗水量的增加,主要是增加了农业灌水的消耗,褚鹏飞等的研究均验证了此观点。施用氮肥对作物耗水量的影响,不同学者的观点不一致。段文学等认为施氮处理的农田耗水量要显著高于不施氮处理;而刘青林等则认为不同氮处理间的农田耗水量差异不显著。

在农业生产中,缓解水资源匮乏的措施就是提高水分利用效率。王田涛等研究发现,随着灌水量增加,作物的水分利用效率随之显著降低,节水 40% 处理的紫花苜蓿水分利用效率[$5.56 \ kg/(hm^2 \cdot mm)$]显著高于节水 20% 处理[$13.86 \ kg/(hm^2 \cdot mm)$]和常规灌溉[$12.60 \ kg/(hm^2 \cdot mm)$]。冯福学等在燕麦试验上表明,水氮耦合对燕麦水分利用及产量具有显著互作效应,随着灌水量增加,燕麦水分利用效率显著降低。李世清等研究发现,在旱地条件下,水分利用效率亦随施肥量的增加相应提高,且施氮肥更有利于提高作物经济产量的水分利用效率。闻磊等研究表明,春小麦的水分利用效率、灌溉水利用效率随着施氮量的增加均呈现为先增后减的趋势,N2 处理水分利用效率($180~kg/hm^2$)明显大于 N1($120~kg/hm^2$)和 N3($240~kg/hm^2$)处理。尹光华等的研究表明,灌水和施氮显著影响着作物的水分利用效率,灌水的作用大于施氮;其中,施氮量对增加作物水分利用效率表现为正效应,而灌水量对增加作物水分利用效率表现为负效应;灌水和施氮对作物水分利用效率有极显著的正交互作用。

1.4.7　水氮调控对土壤氮素运移的影响

氮素是西北旱田土壤最为缺乏的营养元素,土壤氮素的主要来源是化肥中的氮,而灌水和施氮是影响土壤氮素含量的重要因素。硝态氮和铵态氮是土壤氮素的主要存在形式,挥发、淋洗、硝化/反硝化等是土壤氮素损失的主要途径。我国农业生产中普遍存在肥料利用效率低和水资源匮乏的问题,主要农作物对氮肥的利用率平均只有 30%~40%,远低于发达国家 70%~80% 的水平。然而,农户大水大肥的作物生产模式,不仅降低了水肥利用率,更加剧了水资源短缺问题。丁洪等研究发现,施氮可以增加大豆植株的氮素积累量,增加大豆单株的有效荚数和粒数,从而提高大豆籽粒产量和优化品质。齐鹏等研究发现,随施氮量的增加,紫花苜蓿氮积累随之增加,施氮量为 $103.5~kg/hm^2$ 时产量最高,施氮量与氮素积累之间符合一元二次回归方程。焦峰等研究发现,施氮有利于在马铃薯生育前期茎对氮素的吸收和储存,生育后期促进茎中的氮素向叶片和块茎转移。王晶君等研究发现,烤烟植株氮素积累总量随着施氮量的增加变化不明显,烟株植株肥料氮积累总量占其氮素积累总量的 33.6%~48.3%;土壤氮积累总量占烟株氮素积累总量的 51.8%~66.4%,烤烟氮素营养的主要来源就是土壤氮,土壤氮随着施氮量和土壤有机质的增加而下降,也是烤烟不同部位叶片中的氮素营养来源,并随着叶片部位的升高积累量增加。

氮肥施入土壤后有 3 个去向,一部分氮素被当季作物吸收利用,一部分残留到土壤中,另一部分则离开土壤-作物系统而损失。西北旱作农业生产中,热量充足,在灌水条件下,巨晓棠等研究发现氮素的气体损失一般不超过总施氮量的 10%,硝态氮的淋溶损失可能是作物氮素损失的主要途径。灌水与施氮是影响土壤剖面氮素积累与淋溶的关键因素。李世清等研究发现,在西北地区,硝态氮的淋失量和降水量有密切关系,降水量越多,淋失量越大;施氮量越多,淋失量也越大。徐明杰等研究发现,过量施氮不仅会导致作物减产,而且会使大量氮素残留在土壤中,从而加大硝态氮淋溶及污染地下水的危险性。张丽娟等研究发现,增加灌水量,土壤中氮素会向下移动;随土层加深,不同层次土壤剖面累积硝态氮对后茬作物的有效性显著降低,75 cm 处已很难被作物利用,淋溶风险较高。吴永成等在玉米上的研究表明,随着施氮量的增加,收获时各土层中的 ^{15}N 残留量随之增加,^{15}N 残留率达到 40.8%~47.5%,土壤层次加深,^{15}N 残留率随之明显下降;施氮量增加,夏玉米季标记 ^{15}N 的损失量随之显著增加,氮肥损失率达9.0%~13.1%。

合理的灌水、施氮量对提高作物养分利用率、控制土壤环境污染具有重要意义。高娜等研究发现,小油菜的肥料利用率随灌水量的增加而增加,小油菜肥料残留率最低,损失率最高的处理为中水处理。肥料利用率随施氮量的增加而不断降低,损失率呈增加的趋势。王晓英等在冬小麦上的研究发现,相同灌水条件下,植株总吸氮量、氮肥吸收量、氮肥耕层残留量、氮肥损失量以及损失率随施氮量增加均呈上升趋势,而氮肥利用率和耕层残留率呈下降趋势。相同施氮条件下,不灌水处理冬小麦氮肥利用率显著高于灌水处理,灌水处理的氮肥利用率随灌水次数的增加而增加;增加灌水次数,氮肥耕层残留量和残留率随灌水次数的增加而显著降低,氮肥损失量和损失率随灌水次数的增加反而显著增加。雒文鹤等研究发现,在 600 m³/hm² 越冬期灌水前提下,减氮至 150 kg/hm²,能够在保障冬小麦产量的基础上,降低硝态氮淋失风险,提高水氮利用效率,实现关中平原冬小麦生产节水减肥环保增效的目标。

综上所述,学者们关于水氮调控的研究多针对小麦、玉米、棉花等主要粮食作物,然而,对菘蓝的研究多以药理作用、调亏灌溉、肥料配比、栽培方式为主,鲜有水氮调控在菘蓝上的研究。鉴于此,本书通过田间试验数据建立灌水和施氮对产量的数学模型,研究膜下滴灌条件下水氮耦合对菘蓝产量的影响,以期确定菘蓝高产的最佳水氮组合方案,为菘蓝节水减氮栽培提供科学依据和理论支持。

1.5 水氮耦合与调亏灌溉、非充分灌溉之间的联系与区别

水氮耦合、调亏灌溉、非充分灌溉都是现代农业科学领域中关于灌溉技术和作物生长研究的重要概念。它们之间存在着紧密的联系,但也各有侧重点和区别。

水氮耦合是指在农业生产中,水分和氮素作为两种重要的营养要素,它们在作物生长过程中的相互作用和协同效应。研究水氮耦合可以更好地理解和调控作物对水分和氮素的吸收、利用和转化过程,以提高作物产量和品质。

调亏灌溉是一种节水灌溉技术,它通过在作物生长发育的某些阶段(通常是营养生长阶段)施加一定程度的水分胁迫,促使作物光合产物的分配向人们需要的组织器官倾斜,以提高其经济产量。这种方法旨在通过调整作物生长过程中的水分供应,优化作物生长条件,提高作物的水分利用效率和产量。

非充分灌溉则是针对水资源紧缺与用水效率低下的问题提出的灌溉技术。它不追求单位面积上的最高产量,而是通过合理分配有限的水资源,确保作物在关键生长阶段得到足够的水分,同时在非关键时期减少或停止供水,以实现水资源的节约和总产量的最大化。

水氮耦合、调亏灌溉、非充分灌溉都是为了提高作物的水分利用效率和产量,但它们的侧重点不同。水氮耦合侧重于研究水分和氮素在作物生长中的相互作用,调亏灌溉侧重于通过水分胁迫调控作物生长,而非充分灌溉则侧重于如何在有限的水资源条件下实现作物的高效生长。在实际应用中,这些概念和技术往往结合在一起,形成综合的灌溉管理策略。

1.6　研究目标、内容及技术路线

菘蓝为十字花科,菘蓝属一年或两年生草本植物,是我国传统的大宗药材,其根部入药为板蓝根,叶入药为大青叶,具有清热解毒、凉血利咽、抗细菌病毒、抗肿瘤和提高免疫力等功效,主治温病发热、发斑、发疹、风热感冒、咽喉肿痛、流行性感冒、肺炎、肝炎、腮腺炎、丹毒、痛肿等症。随着人们生活水平的提高和保健意识的增强,药材板蓝根的需求量与日俱增。

甘肃省张掖市民乐县地处祁连山北麓,河西走廊中部,属黑河流域,是典型的绿洲农业生产区,也是典型的生态脆弱区。甘肃省张掖市民乐县是我国第一个被授予“中国板蓝根之乡”称号的县,该区生产的板蓝根根条肥大、口白、粉性足,药用价值高,人工种植面积多年稳定在 10 万亩(1 亩 $\approx$ 1/15 hm^2,全书同)以上,年产量约 3 万 t,已成为当地农民增收、农业增效的重要产业。然而,当地农民种植菘蓝时普遍存在大水漫灌和不合理施肥等问题,不仅浪费当地十分匮乏的水资源、增加生产成本、水氮利用效率低下,而且会对药材产量及药用品质产生不利影响,引发硝态氮淋溶的环境污染问题,进而威胁着祁连山的生态安全。灌水和施氮是调控作物生长发育和产量形成的关键手段。本书通过田间试验探究菘蓝生物效应对水氮调控的响应,提出当地菘蓝节水、减氮的最优组合方案,以期减少农民投入、增加农业收益,这对河西地区生态保护区实现区域农业可持续发展具有重要意义。

1.6.1　研究目标

针对河西地区菘蓝生产中普遍采用的漫灌和施氮过量的问题,本书于 2018—2019 年在甘肃省张掖市民乐县益民灌溉试验站进行大田试验,研究水氮调控对河西地区菘蓝的生物效应。旨在揭示菘蓝的生长、产量、品质、土壤水分、土壤氮素等对不同水氮调控的响应机制,以期为该区菘蓝生产的高产、优质和高效提供科学依据。

1.6.2　研究内容

(1)水氮调控对菘蓝生长发育、干物质形成、分配与积累、产量和品质的影响;

(2)水氮调控对 0~160 cm 土层土壤贮水、耗水特性、土壤水平衡的影响;

(3)水氮调控对 0~160 cm 土层土壤铵态氮、硝态氮含量和积累量、肥料氮利用和损失、土壤氮素平衡的影响;

(4)建立灌水和施氮对产量及产值的数学回归模型,明确该区菘蓝水氮合理利用的阈值。

1.6.3　技术路线

本书技术路线如图 1-1 所示。

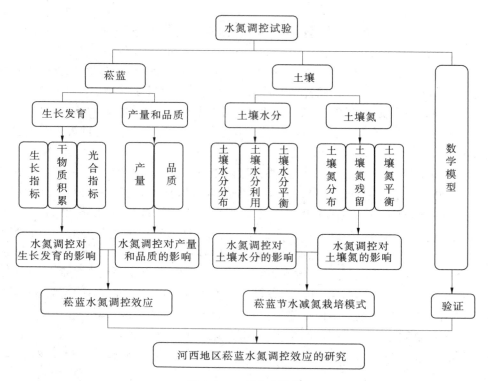

图 1-1　本书技术路线

第 2 章　试验设计与方法

2.1　试验区概况

试验于 2018—2019 年连续两个生长季在甘肃省张掖市民乐县益民灌溉试验站进行。益民灌溉试验站地处祁连山北麓,河西走廊中部,位于三堡镇张连庄村(东经 100°43′,北纬 38°39′)、黑河流域洪水河灌区中游。该地区水资源十分匮乏,多年平均降水量 183～285 mm,年均蒸发量 1 015 mm,气候干燥,多年平均气温 6 ℃,极端最低气温−33.3 ℃,极端最高气温 37.8 ℃,属大陆性荒漠草原气候。该地区海拔 1 970 m,无霜期 109～174 d,年日照时数 3 000 h 左右。试验田土壤质地为轻壤土,肥力中等,土壤容重 1.4 g/cm³,田间最大持水量 23%～24%,地下水位约 20 m,无土壤盐渍化现象。该地区农业用水来源为十分有限的祁连山冰雪融水,供需矛盾突出,干旱频繁发生。试验田土壤基本情况见表 2-1。

表 2-1　试验田土壤基本情况

年份	土层/cm	pH	有机质含量/(g/kg)	碱解氮含量/(mg/kg)	速效磷含量/(mg/kg)	速效钾含量/(mg/kg)	容重/(g/cm³)	全氮含量/(g/kg)	全磷含量/(g/kg)	全钾含量/(g/kg)
2018	0～20	7.18	13.86	53.26	8.73	116.16	1.38	0.88	0.73	23.21
2019	0～20	7.21	13.25	55.32	8.68	110.23	1.41	0.92	0.72	21.96

试验站土地平整,灌水便利,土壤肥力中等。试验站现有 2 hm² 试验田、1 个标准的气象观测场,具备基本农业气象要素的观测条件,现有水分测定、样品前期处理、田间试验基本操作的试验仪器及设备。试验站试验年份月降雨量分布见图 2-1。

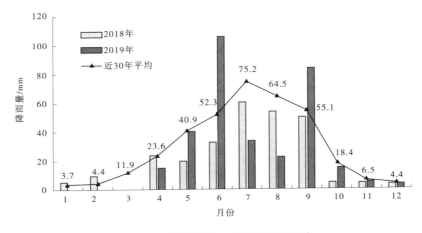

图 2-1　试验站试验年份月降雨量分布

2.2　　试验材料

试验选用当地中草药合作社提供的粒大饱满、均匀一致的菘蓝种子,经甘肃农业大学陈垣教授鉴定确认为菘蓝种子,种子纯度 96.0%,种子千粒重 9.956 g,净度 88.6%,发芽率87.6%。试验用的氮肥为甘肃刘化(集团)有限责任公司生产的尿素,氮含量 46%;磷肥为云南省个旧市大通磷化工有限公司生产的过磷酸钙,P_2O_5 含量 16%;钾肥为山东华利化肥有限公司生产的硫酸钾,K_2O 含量≥52%。滴灌带滴头间距 30 cm,滴头流量为 2.5 L/h,正常灌水压力为 0.1 MPa。地膜采用宽 120 cm、厚 0.08 mm 的白色农用地膜。

2.3　　试验设计

参考李文明和王玉才对菘蓝生育期的划分,结合当地菘蓝实际生长发育特点,将菘蓝划分为苗期(30 d)、营养生长期(60 d)、肉质根生长期(40 d)和肉质根成熟期(25 d)4 个生育期,菘蓝生育期划分示意见图 2-2。

图 2-2　菘蓝生育期划分示意

本试验采用二因素裂区设计,灌水量为主处理,施氮量为副处理,灌水量和施氮量各3 个水平:W1(土壤含水量为田间持水量的 60%~70%)、W2(土壤含水量为田间持水量的70%~80%)、W3(土壤含水量为田间持水量的 80%~90%),N1(150 kg/hm²)、N2(200 kg/hm²)、N3(250 kg/hm²,该区农户普遍氮肥施用量),对照组 CK(不灌水、不施氮),共10 个处理,每个处理 3 次重复,共 30 个小区。小区长 8 m,宽 3.75 m,面积为 30 m²,试验有效种植面积为 900 m²。种植密度 800 000 株/hm²,每小区保苗数约为 240 株。菘蓝水氮调控的试验设计见表 2-2。

表 2-2　菘蓝水氮调控的试验设计

编号	处理	田间持水率/%	养分量/(kg/hm²)		
			N	P_2O_5	K_2O
T1	W1N1	60~70	150	350	200
T2	W1N2	60~70	200	350	200
T3	W1N3	60~70	250	350	200
T4	W2N1	70~80	150	350	200
T5	W2N2	70~80	200	350	200
T6	W2N3	70~80	250	350	200
T7	W3N1	80~90	150	350	200

续表 2-2

编号	处理	田间持水率/%	养分量/(kg/hm^2)		
			N	P_2O_5	K_2O
T8	W3N2	80~90	200	350	200
T9	W3N3	80~90	250	350	200
T10	CK	0	0	0	0

采用膜下滴灌的方式,全生育期内对土壤湿度控制范围为 0~60 cm 土层,土壤实际含水量基本在试验设定的土壤湿度控制上下限之内。一膜铺设 2 条滴灌带,滴灌带行距 42.5 cm,滴头间距 30 cm,滴头流量为 2.5 L/h,同一灌水水平的小区安装一个控制阀,随时对该灌水区域的灌水量进行控制,水表和压力表位于滴灌枢纽处,正常灌水压力为 0.1 MPa。使用 TDR 土壤水分仪控制土壤湿度,每 3 d(9:00—11:00)测定 1 次 0~60 cm 土层的土壤含水量,每 15 d 采取烘干法校对土壤含水量,当土壤含水量低于试验设定的水分下限时灌水,灌水量根据水分上限确定,根据式(2-1)进行计算。试验田灌水设计见图 2-3。

$$M = r \times p \times h \times \theta_f \times (q_1 - q_2) / \eta \tag{2-1}$$

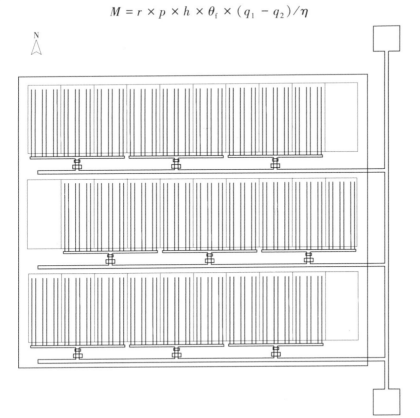

图 2-3 试验田灌水设计

式中：M 为灌水量，kg/m^3，按灌水区域作动态记录；r 为土壤容重，取 1.14 g/cm^3；p 为土壤湿润比，取 100%；h 为灌水计划湿润层，取 0.6 m；θ_f 为最大田间持水率，取 24%；q_1 为土壤水分上限；q_2 为土壤实际含水率（以相对田间持水率表示）；η 为水分利用系数，滴灌取 0.9。

2.4 田间管理

播前一周内对试验田进行 30 cm 的翻耕处理，人工除去杂草。2018 年和 2019 年连续两年均于 5 月 3 日播种，10 月 15 日收获，播种前将种子用 40~50 ℃温水浸泡 4 h 左右后捞出用草木灰拌匀，采用平地覆膜滴灌栽培，膜面有效宽度 105 cm，膜面操作间距 20 cm，播种株距 10 cm，平均行距 12.5 cm，播种量 30 kg/hm^2，种植密度 800 000 株/hm^2。为防止处理间水分地下相互渗流的影响，不同灌水处理间使用 60 cm 的塑料薄膜隔开。试验田各处理氮肥按设计施氮水平作为基肥一次性施入，同时施入磷肥 350 kg/hm^2、钾肥 200 kg/hm^2。田间试验布置及小区种植示意如图 2-4、图 2-5 所示。

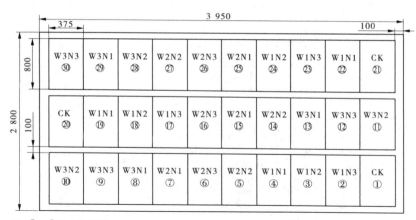

注：①~③为小区编号。

图 2-4 田间试验布置 （单位：cm）

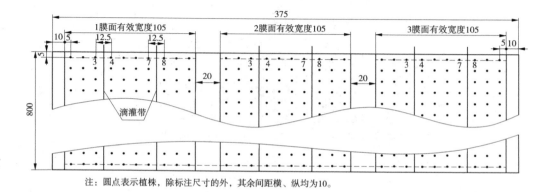

注：圆点表示植株，除标注尺寸的外，其余间距横、纵均为10。

图 2-5 小区种植示意 （单位：cm）

2.5　测定项目及方法

2.5.1　土壤理化性质

采用鲍士旦主编的《土壤农化分析》中最经典方法进行土壤理化性质的测定,测定方法如下。

土壤容重测定:环刀法;

土壤有机碳测定:H_2SO_4-$K_2Cr_2O_7$ 外加热法;

土壤全氮测定:凯氏定氮法;

土壤全磷测定:$HClO_4$-H_2SO_4 消煮法;

土壤全钾测定:NaOH 熔融-火焰光度法;

土壤碱解氮测定:碱解扩散法;

铵态氮测定:KCl 浸提-靛酚蓝比色法;

硝态氮测定:酚二磺酸比色法;

土壤速效磷测定:0.5 mol/L $NaHCO_3$ 浸提-钼锑抗比色法;

土壤速效钾测定:NH_4OAc 浸提-火焰光度计法;

土壤 pH 的测定:水土比例为 1:4,用 pH 计测定。

2.5.2　土壤水分

土壤水分在播前和收获后分别用烘干法测定,测深为 160 cm,每 20 cm 为一个层次。菘蓝每个生育期测定 1 次土壤水分,浇水前后加测 1 次土壤水分,其中 0~20 cm、20~40 cm 和 40~60 cm 3 个层次用烘干法测定,在 105 ℃烘干 8 h 至恒重,计算土壤含水量。使用 503DR 中子水分测试仪测定 60 cm 以下土层的土壤含水量。

2.5.3　生长指标

在菘蓝生长 30 d、60 d、90 d、120 d、150 d、155 d 时,每小区选取长势基本一致的 5 株菘蓝进行取样,用毫米刻度尺测量株高,用叶面积仪测量叶面积,记录叶片数,用毫米刻度尺测量主根长,采用游标卡尺测量主根直径(根上部 1/4 处)。所取样品分地上部(大青叶)、地下部(板蓝根)分别记鲜重,在 105 ℃杀青 30 min 后于 80 ℃烘干至质量恒定,分别记干重,根据采样株数进行干物质积累量的折算。植株样品烘干粉碎,H_2SO_4-H_2O_2 消煮后,采用凯氏定氮法测定全氮含量。生长指标常用公式为

$$收获指数 = 板蓝根产量 / 菘蓝整株产量$$

$$植株氮素积累吸收量(mg/株) = 植株全氮含量(\%) \times 植株烘干质量(mg/株)$$

$$干物质日增长量[mg/(株 \cdot d)] = \frac{本次取样单株干重 - 上次取样单株干重}{两次取样间隔天数}$$

2.5.4　光合参数

菘蓝生长的每个生育期,在天气晴朗的条件下,采用 LI-6400 型光合仪于 1 000

mol/(m² · s)光子强度下,对菘蓝植株的第三片功能叶于 09:00—11:00 进行光合参数的测定。每小区重复测定 3 次,为减小时间误差的影响,同小区在 10 min 内测完。

2.5.5　产量及考种

收获时分小区单独称重、计产,各处理产量为 3 次重复的平均值。分小区随机取 5 株进行考种,测定植株根、叶片干物质和相关生长指标。

2.5.6　品质指标

靛蓝和靛玉红含量测定:采用《中华人民共和国药典》(2015 年版)的方法提取板蓝根中的靛蓝和靛玉红,超高效液相色谱法测定其含量。

(R,S)-告依春含量测定:采用《中华人民共和国药典》(2015 年版)的方法提取板蓝根中的(R,S)-告依春,高效液相色谱法测定其含量。

2.6　相关指标计算

土壤水分相关指标的计算公式如下。

(1)土壤贮水量:

$$W = 10 \sum_{i=1}^{n} \frac{v_{wi}}{v_{si}} \times d_i \tag{2-2}$$

式中:W 为土壤贮水量,mm;n 为总土层数;i 为土层编号;$\dfrac{v_{wi}}{v_{si}}$ 为第 i 层土壤的体积含水率;d_i 为第 i 土层厚度,mm。

(2)农田耗水量:

$$ET_{1-2} = S_i + M + P_0 + K \tag{2-3}$$

式中:ET_{1-2} 为阶段耗水量,mm;M 为阶段内灌水量,mm;P_0 为阶段内有效降水量,mm;K 为阶段内地下水补给量,mm,K 值在地下水位超过 2.5 m 时,可忽略不计,本试验 K 值视为 0;S_i 为阶段土壤贮水消耗量,mm,$S_i = W_1 - W_2$,W_1 和 W_2 分别为初阶段和末阶段对应的土壤贮水量。

(3)阶段耗水强度:

$$CD = \frac{ET_{1-2}}{D} \tag{2-4}$$

式中:CD 为阶段耗水强度,mm/d;D 为该阶段持续天数,d。

(4)阶段耗水模系数:

$$CP = \frac{ET_{1-2}}{ET_a} \times 100\% \tag{2-5}$$

式中:CP 为阶段耗水模系数;ET_a 为全生育期总耗水量,mm。

(5)水分利用效率:

$$\mathrm{WUE} = \frac{Y}{\mathrm{ET_a}} \tag{2-6}$$

式中:WUE 为水分利用效率,kg/(hm² · mm);Y 为板蓝根产量,kg/hm²。

(6)土壤氮素相关指标的计算公式:

植株氮素积累总量(kg/hm²)=干物质量(kg/hm²)×植株含氮量(g/kg)/1 000(g/kg)

植株吸收肥料氮(kg/hm²)=植株吸氮量(kg/hm²)×32.9%

巨晓棠等研究表明,在农户习惯施氮 0~300 kg/hm² 内,作物吸收肥料氮占总吸氮量的 28.1%~37.8%,本试验计算菘蓝吸收肥料氮占总吸氮量时取平均值 32.9%。

各层土壤的氮素总量(kg/hm²)=土壤容重(g/cm³)×土层厚度(cm)×

各层土壤的氮素浓度(mg/kg)/10

肥料氮土壤残留量=氮肥施用量×25%

巨晓棠等多年田间试验表明,肥料氮素在土壤中的残留率可达到 21%~45%,本试验计算肥料氮土壤残留量时取值 25%。

肥料氮损失量=施氮量-(植株中肥料氮素积累量+肥料氮土壤残留量)

参考巨晓棠等的方法计算 0~160 cm 土层氮素平衡参数:

土壤无机氮残留量=土层厚度×土壤容重×土壤无机氮含量/10

土壤氮素净矿化量=不施氮区作物吸氮量+不施氮区土壤无机氮残留量-

不施氮区土壤起始无机氮积累量

土壤氮素表观损失量=(施氮量+土壤起始无机氮积累量+土壤氮素净矿化量)-

(作物吸氮量+土壤无机氮残留量)

氮素盈余量=氮素表观损失量+收获后土壤无机氮残留量

2.7　数据处理

试验所得数据为 3 次重复的平均值,用"平均值±标准差"表示。用 Microsoft Excel 2016 进行数据整理及相关图表制作。采用 SPSS 22.0 中的 Duncan's 新复极差法进行差异显著性分析和回归分析,差异显著性水平为 0.05。使用 Matlab 2018a 进行产量回归模型曲面图的制作。使用 Autodesk AutoCAD 2016 绘制田间布置示意图及灌溉示意图。

第3章 水氮调控对菘蓝产量、水氮利用效率及品质的影响

过量灌水不仅不利于作物生长,还会降低药用植物次生代谢产物的合成,从而影响药用作物的产量和品质。氮肥的过量施用不仅会增加生产成本、降低氮肥利用效率、增加土壤氮素环境污染风险,同时会对作物产量和品质产生不利影响,在一定范围内,减少氮肥施用量不仅没有对甘蓝、小麦、水稻等作物的产量和品质产生较大的影响,还提高了氮肥利用率,节约了生产成本。本试验通过研究不同水氮处理对菘蓝产量和品质的影响,以期阐明菘蓝产量和品质对节水灌溉和减量施氮的响应,为当地菘蓝节水、减氮种植提供理论依据。

3.1 不同水氮处理对板蓝根产量的影响

板蓝根是菘蓝的地下部分,其药用价值和经济价值较大青叶高。不同水氮处理对板蓝根产量的影响见表 3-1。不同水氮处理板蓝根产量的拟合曲线见图 3-1。

表 3-1 不同水氮处理对板蓝根产量的影响 单位:kg/hm²

处理	2018 年	2019 年
W1N1	6 514±107.0cd	5 918±143.5d
W1N2	6 957±148.2b	6 510±111.8bc
W1N3	6 604±88.4c	6 031±112.3d
W2N1	6 856±92.7b	6 392±112.8c
W2N2	7 417±62.6a	7 137±133.0a
W2N3	6 962±132.1b	6 679±118.9b
W3N1	6 413±93.8d	5 688±122.3e
W3N2	6 850±66.8b	6 415±110.1c
W3N3	6 521±100.0cd	5 887±109.8d
CK	3 180±92.8e	3 349±53.8f
P 值		
W	0	0
N	0	0
W×N	0.046 6	0.038

注:表中同列不同小写字母表示在 $p<0.05$ 水平上差异显著,W 表示灌水量因子,N 表示氮肥用量因子,W×N 表示灌水量因子与氮肥用量因子的交互效应,下同。

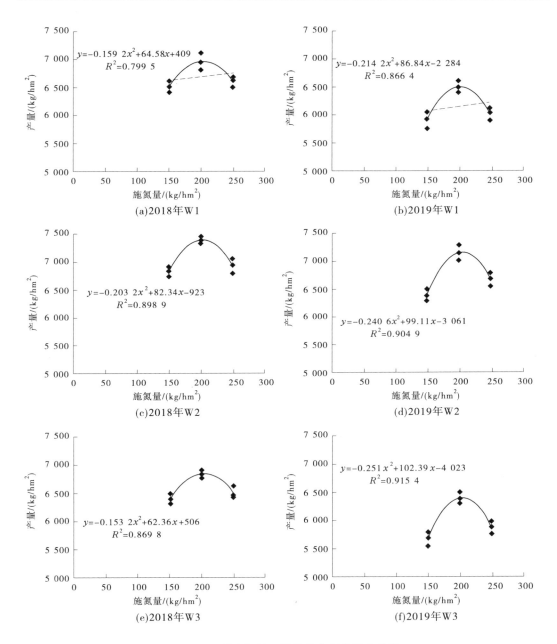

图 3-1　不同水氮处理板蓝根产量的拟合曲线

由表 3-1 可以看出,水氮处理显著影响板蓝根的产量。W2N2 处理的产量最高,值为 7 137~7 417 kg/hm²;W2N3 处理的产量居第二位,值为 6 679~6 962 kg/hm²;W3N1 处理的产量最低,值为 5 688~6 413 kg/hm²,中水中氮(W2N2)较高水高氮(W3N3)处理板蓝根产量增幅为 13.7%~21.2%。

同一灌水水平下,产量随施氮量的增加先增加后减小,表现为 N2>N3>N1,说明中氮较低氮和高氮能显著提高板蓝根的产量,且低氮对产量的影响大于高氮。在 W1 水平下,N2 处理产量较 N3 处理增幅为 5.3%~7.9%,N2 处理产量较 N1 处理增幅为 6.8%~10.0%,N3 处理产量较 N1 处理增幅为 1.4%~1.9%;在 W2 水平下,N2 处理产量较 N3 处理增幅为 6.5%~6.9%,N2 处理产量较 N1 处理增幅为 8.2%~11.7%,N3 处理产量较 N1 处理增幅为 1.5%~4.5%;在 W3 水平下,N2 处理产量较 N3 处理增幅为 5.0%~9.0%,N2 处理产量较 N1 处理增幅为 6.8%~12.8%,N3 处理产量较 N1 处理增幅为 1.7%~3.5%。

同一施氮水平下,产量随灌水量的增加先增加后减小,表现为 W2>W1>W3,说明中水较低水和高水能显著提高板蓝根的产量,且高水对产量的影响大于低水处理。在 N1 水平下,W2 处理产量较 W3 处理增幅为 6.9%~12.4%,W2 处理产量较 W1 处理增幅为 5.3%~8.0%,W3 处理产量较 W1 处理降幅为 1.6%~3.9%;在 N2 水平下,W2 处理产量较 W3 处理增幅为 8.3%~11.3%,W2 处理产量较 W1 处理增幅为 6.6%~9.6%,W3 产量较 W1 处理降幅为 1.5%;在 N3 水平下,W2 处理产量较 W3 处理增幅为 6.8%~13.5%,W2 处理产量较 W1 处理增幅为 5.4%~10.7%,W3 处理产量较 W1 处理降幅为 1.3%~2.4%。

由图 3-1 可见,同一灌水水平下,板蓝根产量随施氮量的增加先增加后减小,施氮量对产量的一元二次曲线拟合效果良好($P<0.01$)。根据曲线方程计算可得:W1 灌水水平下,板蓝根最大产量的施氮量为 202.8~203.4 kg/hm²,最大产量为 6 848.0~6 958.3 kg/hm²;W2 灌水水平下,板蓝根最大产量的施氮量为 202.6~206.0 kg/hm²,最大产量为 7 145.6~7 418.4 kg/hm²;W3 灌水水平下,板蓝根最大产量的施氮量为 203.5~204.0 kg/hm²,最大产量为 6 418.9~6 851.9 kg/hm²。可见,灌水和施氮之间存在明显的交互增产作用,灌水、施氮过量或过少均不能达到高产的目标,节水至土壤含水量为田间持水量的 70%~80%,减氮至 202.6~206.0 kg/hm²,板蓝根高产值达到 7 145.6~7 418.4 kg/hm²。

3.2　不同水氮处理对大青叶产量的影响

大青叶是菘蓝的地上部分,其药用价值和经济价值较板蓝根低很多。不同水氮处理对大青叶产量的影响见表 3-2。由表 3-2 可以看出,水氮处理显著影响大青叶的产量。W2N2 处理的产量最高,值为 7 808~7 829 kg/hm²;W2N3 处理的产量居第二位,值为 7 559~7 664 kg/hm²;W1N1 处理的产量最低,值为 6 287~6 767 kg/hm²,中水中氮(W2N2)较高水高氮(W3N3)处理大青叶产量增幅为 4.0%~9.8%。

同一灌水水平下,大青叶产量随施氮量的增加先增加后减小,表现为 N2>N3>N1,说明中氮较低氮和高氮能显著提高大青叶的产量,且低氮对产量的影响大于高氮。在 W1 水平下,N2 处理产量较 N3 处理增幅为 3.2%~5.0%,N2 处理产量较 N1 处理增幅为 7.9%~10.5%,N3 处理产量较 N1 处理增幅为 4.5%~5.2%;在 W2 水平下,N2 处理产量较 N3 处理增幅为 1.9%~3.6%,N2 处理产量较 N1 处理增幅为 7.2%~12.3%,N3 产量较 N1 处理增幅为 5.2%~8.4%;在 W3 水平下,N2 处理产量较 N3 处理增幅为 2.1%~5.4%,N2 处理产量较 N1 处理增幅为 6.7%~15.1%,N3 处理产量较 N1 处理增幅为

4.6%~9.2%。

表 3-2　不同水氮处理对大青叶产量的影响　　　单位：kg/hm^2

处理	2018 年	2019 年
W1N1	6 767±77.9f	6 287±89.4c
W1N2	7 302±47.1d	6 946±115.9b
W1N3	7 073±122.9e	6 614±103.4c
W2N1	7 284±86.2d	6 971±100.5b
W2N2	7 808±58.8a	7 829±36.6a
W2N3	7 664±59.3b	7 559±110b
W3N1	7 177±71.5de	6 531±105.3c
W3N2	7 661±85.5b	7 520±119.5b
W3N3	7 506±61.7c	7 132±101.9c
CK	3 137±60.2g	3 485±62.1d
P 值		
W	0	0
N	0	0
W×N	0.052 6	0.037

同一施氮水平下，大青叶产量随灌水量的增加先增加后减小，表现为 W2>W3>W1，说明中水较低水和高水能显著提高大青叶的产量，且低水对大青叶产量的影响大于高水处理。在 N1 水平下，W2 处理产量较 W3 处理增幅为 1.5%~6.7%，W2 处理产量较 W1 处理增幅为 7.6%~10.9%，W3 处理产量较 W1 处理降幅为 3.9%~6.1%；在 N2 水平下，W2 处理产量较 W3 处理增幅为 1.9%~4.1%，W2 处理产量较 W1 处理增幅为 6.6%~12.7%，W3 处理产量较 W1 处理增幅为 4.9%~8.3%；在 N3 水平下，W2 处理产量较 W3 处理增幅为 2.1%~6.0%，W2 处理产量较 W1 处理增幅为 8.4%~14.3%，W3 处理产量较 W1 处理增幅为 6.1%~7.8%。

3.3　不同水氮处理对菘蓝水分利用效率的影响

水分利用效率是衡量作物水分利用的一个重要指标，农业生产中为降低水资源的浪费，作物高水分利用效率成为追求目标。不同水氮处理对菘蓝水分利用效率的影响（2018 年）见表 3-3，不同水氮处理对菘蓝水分利用效率的影响（2019 年）见表 3-4。

表 3-3　不同水氮处理对菘蓝水分利用效率的影响（2018 年）

处理	播前 水分/mm	收获时 水分/mm	降雨量/ mm	灌水量/ mm	耗水量/ mm	产量/ （kg/hm²）	水分利用效率/ [kg/（hm²·mm）]
W1N1	374.9	302.3	126.0	125	323.6	6 514±107cd	20.1±0.33c
W1N2	374.9	311.2	126.0	125	314.7	6 957±148.2b	22.1±0.47a
W1N3	374.9	307.8	126.0	125	318.1	6 604±88.4c	20.8±0.278b
W2N1	374.9	285.4	126.0	165	380.5	6 856±92.7b	18.0±0.24e
W2N2	374.9	299.5	126.0	165	366.4	7 417±62.6a	20.2±0.17bc
W2N3	374.9	294.1	126.0	165	371.8	6 962±132.1b	18.7±0.36d
W3N1	374.9	263.7	126.0	205	442.2	6 413±93.8d	14.5±0.21h
W3N2	374.9	285.2	126.0	205	420.7	6 850±66.8b	16.3±0.15f
W3N3	374.9	275.8	126.0	205	430.1	6 521±100cd	15.2±0.23g
CK	374.9	321.7	126.0	0	179.2	3 180±92.8e	17.7±0.52e

表 3-4　不同水氮处理对菘蓝水分利用效率的影响（2019 年）

处理	播前 水分/mm	收获时 水分/mm	降雨量/ mm	灌水量/ mm	耗水量/ mm	产量/ （kg/hm²）	水分利用效率/ [kg/（hm²·mm）]
W1N1	348.5	302.3	253.9	40	340.1	5 918±107cd	17.4±0.42c
W1N2	348.5	309.0	253.9	40	333.4	6 510±148.2b	19.5±0.34a
W1N3	348.5	306.4	253.9	40	336.0	6 031±88.4c	17.9±0.33c
W2N1	348.5	292.1	253.9	75	385.3	6 392±92.7b	16.6±0.29d
W2N2	348.5	302.3	253.9	75	375.1	7 137±62.6a	19.0±0.35b
W2N3	348.5	298.2	253.9	75	379.2	6 679±132.1b	17.6±0.31c
W3N1	348.5	278.1	253.9	120	444.1	5 688±93.8d	12.8±0.28g
W3N2	348.5	292.1	253.9	120	430.3	6 415±66.8b	14.9±0.26e
W3N3	348.5	286.4	253.9	120	436.0	5 887±100cd	13.5±0.25f
CK	348.5	315.1	253.9	0	287.3	3 349±92.8e	11.7±0.19h

　　由表 3-3 和 3-4 可以看出，灌水和施氮对菘蓝的水分利用效率影响显著。同一灌水水平下，水分利用效率随着施氮量的增加先增加后降低，表现为 N2>N3>N1，且不同处理间的差异显著（$P<0.05$），低灌水（W1）水平下，N2 较 N1 处理水分利用效率增幅为 9.8%～11.8%，N2 较 N3 处理水分利用效率增幅为 6.5%～8.6%；中灌水（W2）水平下，N2 较 N1 处理水分利用效率增幅为 12.3%～14.3%，N2 较 N3 处理水分利用效率增幅为 7.8%～8.1%；高灌水（W3）水平下，N2 较 N1 处理水分利用效率增幅为 12.3%～16.3%，N2 较 N3 处理水分利用效率增幅为 7.4%～10.4%。

同一施氮水平下,水分利用效率随着灌水量的增加而降低,表现为 W1>W2>W3,且不同处理间的差异显著($P<0.05$),低氮(N1)水平下,W1 较 W2 处理水分利用效率增幅为 5.0%~11.7%,W2 较 W3 处理水分利用效率增幅为 24.2%~29.5%;中氮(N2)水平下,W1 较 W2 处理水分利用效率增幅为 2.8%~9.2%,W2 较 W3 处理水分利用效率增幅为 24.3%~27.2%;高氮(N3)水平下,W1 较 W2 处理水分利用效率增幅为 2.0%~10.9%,W2 较 W3 处理水分利用效率增幅为 23.5%~30.3%。

低水中氮(W1N2)水分利用效率最高,值为 19.5~22.1 kg/(hm²·mm);高水低氮(W3N1)水分利用效率最低,值为 12.8~14.5 kg/(hm²·mm);中水中氮(W2N2)较高水高氮(W3N3)处理水分利用效率增幅为 24.3%~27.2%。说明河西地区过量灌水和不合理施氮不仅难以增产,还造成水资源的严重浪费和水分利用效率低下,节水减氮显著提高了菘蓝水分利用效率。

3.4　不同水氮处理对菘蓝氮肥利用效率的影响

氮肥利用效率是衡量作物对肥料氮素利用的一个重要指标,农业生产中为降低生产成本和环境污染风险,作物高氮肥利用效率成为追求目标。

不同水氮处理对菘蓝氮肥利用效率的影响(2018 年)见表 3-5,不同水氮处理对菘蓝氮肥利用效率的影响(2019 年)见表 3-6。由表 3-5 和表 3-6 可以看出,灌水和施氮对菘蓝的氮肥利用效率(FUE)影响显著。同一灌水水平下,氮肥利用效率随着施氮量的增加而减小,表现为 N1>N2>N3,且不同处理间的差异显著($P<0.05$)。低水(W1)水平下,N2 较 N3 处理氮肥利用效率增幅为 31.0%~37.6%,N1 较 N3 处理氮肥利用效率增幅为 46.4%~51.3%;中水(W2)水平下,N2 较 N3 处理氮肥利用效率增幅为 28.8%~29.2%,N1 较 N3 处理氮肥利用效率增幅为 41.2%~46.0%;高水(W3)水平下,N2 较 N3 处理氮肥利用效率增幅为 28.3%~28.6%,N1 较 N3 处理氮肥利用效率增幅为 36.7%~43.2%。

表 3-5　不同水氮处理对菘蓝氮肥利用效率的影响(2018 年)

处理	施氮量/(kg/hm²)	板蓝根吸氮量/(kg/hm²)	大青叶吸氮量/(kg/hm²)	氮肥利用效率
W1N1	150	69.9±0.82g	81.7±1.82e	0.332±0.005 7bc
W1N2	200	83.5±2.29c	97.4±0.59c	0.297±0.005 7e
W1N3	250	76.8±1.18ef	95.7±3.12c	0.227±0g
W2N1	150	78.6±1.93e	95.2±2.15c	0.381±0.010 0a
W2N2	200	92.5±1.91a	112.7±1.81a	0.337±0.005 7bc
W2N3	250	86.8±2.55bc	111.6±0.81a	0.261±0.005 7f
W3N1	150	75.2±0.31f	88.5±0.7d	0.359±0.010 0b
W3N2	200	87.9±1.65b	107.8±1.12b	0.322±0.005 8c
W3N3	250	84.8±2.97bc	105.8±1.65b	0.251±0f

表 3-6　不同水氮处理对菘蓝氮肥利用效率的影响(2019 年)

处理	施氮量/(kg/hm²)	板蓝根吸氮量/(kg/hm²)	大青叶吸氮量/(kg/hm²)	氮肥利用效率
W1N1	150	65.87±0.64d	72.3±0.7h	0.303±0.005 8bc
W1N2	200	76.4±2.31b	91.23±2.99e	0.276±0.005 7d
W1N3	250	69.34±0.72c	82.89±1.52f	0.200±0f
W2N1	150	66.46±1.18d	84.59±2.14f	0.331±0.010 0a
W2N2	200	80.88±1.95a	102.82±1.05a	0.302±0.005 8bc
W2N3	250	75.93±2.51b	102.31±2.42ab	0.235±0.005 7e
W3N1	150	64.48±2.55d	78.38±2.67g	0.313 3±0.010 0b
W3N2	200	79.97±1.55a	99.24±1.65bc	0.295±0.005 7c
W3N3	250	76.31±0.4b	97.93±0.99c	0.229±0e

　　同一施氮水平下,氮肥利用效率随着灌水量的增加先增加后减小,表现为 W2>W3>W1,且不同处理间的差异显著($P<0.05$),低氮(N1)水平下,W2 较 W3 处理氮肥利用效率增幅为 5.7%~6.1%,W2 较 W1 处理氮肥利用效率增幅为 9.3%~14.7%;中氮(N2)水平下,W2 较 W3 处理氮肥利用效率增幅为 2.5%~4.8%,W2 较 W1 处理氮肥利用效率增幅为 9.6%~13.4%;高氮(N3)水平下,W2 较 W3 处理氮肥利用效率增幅为 2.3%~4.1%,W2 较 W1 处理氮肥利用效率增幅为 15.0%~17.1%。

　　中水低氮(W2N1)氮肥利用效率最高,值为 33.1%~38.1%;高水高氮(W3N3)氮肥利用效率最低,值为 22.9%~25.1%;中水中氮(W2N2)较高水高氮(W3N3)处理氮肥利用效率增幅为 31.8%~34.5%。说明过量灌水和过量施氮会大幅降低氮肥利用效率,增加生产成本,节水减氮显著提高了菘蓝氮肥利用效率。

3.5　不同水氮处理对板蓝根品质的影响

　　《中华人民共和国药典》(2015 年版)规定,板蓝根水分不得超过 15.0%,总灰分不得超过 9.0%,酸不溶性灰分不得超过 2.0%,浸出物不得少于 25.0%,(R,S)-告依春(C_5H_7NOS)不得少于 0.020%。杨苗苗对甘肃省境内 31 个不同产地菘蓝品质指标检测发现,(R,S)-告依春含量为 0.050 3%~0.417 5%,多糖含量为 10.60%~16.22%,建议甘肃省产板蓝根质量标准为(R,S)-告依春含量不得少于 0.050%、多糖含量不得少于 8.5%。板蓝根中靛蓝、靛玉红、(R,S)-告依春和多糖等品质指标多为次生代谢产物,低温、低水、低肥等环境有利于激发植物体内次生代谢,从而提高其含量。

3.5.1　不同水氮处理对板蓝根中靛蓝含量的影响

　　不同水氮处理对板蓝根中靛蓝含量的影响见图 3-2。由图 3-2 可以看出,灌水和施氮显著影响板蓝根中靛蓝含量,水氮处理间差异性达显著水平($P<0.05$)。不同水氮处理中,板蓝根中靛蓝含量为 5.57~6.12 mg/kg,低水低氮(W1N1)处理靛蓝含量最大,值为

5.96~6.12 mg/kg;高水高氮(W3N3)处理靛蓝含量最小,值为 5.57~5.60 mg/kg;中水中氮(W2N2)较高水高氮(W3N3)处理板蓝根中靛蓝含量增幅为 4.5%~5.9%。

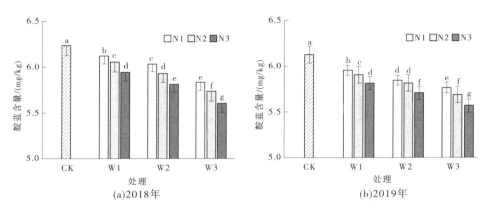

(a)2018年　　　　　　　　　　(b)2019年

图 3-2　不同水氮处理对板蓝根中靛蓝含量的影响

同一灌水水平下,靛蓝含量随着施氮量的减小而增加,表现为 N1>N2>N3。在 W1 水平下,靛蓝含量 N1 处理较 N2 处理的增幅为 0.8%~1.2%,N1 处理较 N3 处理的增幅为 2.4%~3.0%,N2 处理较 N3 处理的增幅为 1.5%~1.9%;在 W2 水平下,靛蓝含量 N1 处理较 N2 处理的增幅为 0.5%~1.7%,N1 处理较 N3 处理的增幅为 2.5%~3.8%,N2 处理较 N3 处理的增幅为 1.9%~2.1%;在 W3 水平下,靛蓝含量 N1 处理较 N2 处理的增幅为 1.4%~1.7%,N1 处理较 N3 处理的增幅为 3.6%~4.1%,N2 处理较 N3 处理的增幅为 2.2%~2.3%。

同一施氮水平下,靛蓝含量随着灌水量的减小而增加,表现为 W1>W2>W3。在 N1 水平下,靛蓝含量 W1 处理较 W2 处理的增幅为 1.5%~1.9%,W1 处理较 W3 处理的增幅为 3.3%~5.0%,W2 处理较 W3 处理的增幅为 1.4%~3.4%;在 N2 水平下,靛蓝含量 W1 处理较 W2 处理的增幅为 1.5%~2.0%,W1 处理较 W3 处理的增幅为 3.9%~5.6%,W2 处理较 W3 处理的增幅为 2.3%~3.5%;在 N3 水平下,靛蓝含量 W1 处理较 W2 处理的增幅为 1.9%~2.2%,W1 处理较 W3 处理的增幅为 4.5%~6.1%,W2 处理较 W3 处理的增幅为 2.5%~3.8%。因此,灌水和施氮间存在交互作用,且施氮对靛蓝含量影响作用大于灌水。过量灌水、过量施氮显著降低了板蓝根中靛蓝含量,节水、减氮有利于提高板蓝根中靛蓝含量,改善品质。

3.5.2　不同水氮处理对板蓝根中靛玉红含量的影响

不同水氮处理对板蓝根中靛玉红含量的影响见图 3-3。由图 3-3 可以看出,灌水和施氮显著影响板蓝根中靛玉红含量,水氮处理间差异性达显著水平(P<0.05)。不同水氮处理中,靛玉红含量为 8.48~9.14 mg/kg,低水低氮(W1N1)处理靛玉红含量最大,值为 8.92~9.14 mg/kg;高水高氮(W3N3)处理靛玉红含量最小,值为 8.48~8.69 mg/kg;中水中氮(W2N2)较高水高氮(W3N3)处理板蓝根中靛玉红含量增幅为 2.7%~3.1%。

同一灌水水平下,靛玉红含量随着施氮量的减小而增加,表现为 N1>N2>N3。在 W1

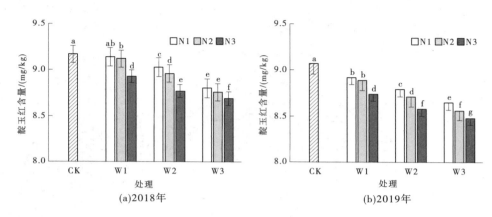

图 3-3　不同水氮处理对板蓝根中靛玉红含量的影响

水平下,靛玉红含量 N1 处理较 N2 处理的增幅为 0.2%~0.3%,N1 处理较 N3 处理的增幅为 2.1%~2.4%,N2 处理较 N3 处理的增幅为 1.7%~2.1%;在 W2 水平下,靛玉红含量 N1 处理较 N2 处理的增幅为 0.8%~0.9%,N1 处理较 N3 处理的增幅为 2.4%~3.0%,N2 处理较 N3 处理的增幅为 1.5%~2.2%;在 W3 水平下,靛玉红含量 N1 处理较 N2 处理的增幅为 0.5%~1.1%,N1 处理较 N3 处理的增幅为 1.3%~2.0%,N2 处理较 N3 处理的增幅为 0.8%~0.9%。

同一施氮水平下,靛玉红含量随着灌水量的减小而增加,表现为 W1>W2>W3。在 N1 水平下,靛玉红含量 W1 处理较 W2 处理的增幅为 1.2%~1.5%,W1 处理较 W3 处理的增幅为 3.1%~3.9%,W2 处理较 W3 处理的增幅为 1.6%~2.6%;在 N2 水平下,靛玉红含量 W1 处理较 W2 处理的增幅为 1.8%~2.1%,W1 处理较 W3 处理的增幅为 3.9%~4.1%,W2 处理较 W3 处理的增幅为 1.8%~2.3%;在 N3 水平下,靛玉红含量 W1 处理较 W2 处理的增幅为 1.8%~1.9%,W1 处理较 W3 处理的增幅为 2.8%~3.1%,W2 处理较 W3 处理的增幅为 0.9%~1.2%。因此,灌水和施氮间存在交互作用,且施氮对靛玉红含量影响作用大于灌水。过量灌水、过量施氮显著降低了板蓝根中靛玉红含量,节水、减氮有利于提高板蓝根中靛玉红含量,改善品质。

3.5.3　不同水氮处理对板蓝根中(R,S)-告依春含量的影响

不同水氮处理对板蓝根中(R,S)-告依春玉含量的影响见图 3-4。由图 3-4 可以看出,灌水和施氮显著影响板蓝根中(R,S)-告依春含量,水氮处理间差异性达显著水平($P<0.05$)。不同水氮处理中,板蓝根(R,S)-告依春含量为 0.287 6~0.354 2 mg/g,低水低氮(W1N1)处理下(R,S)-告依春含量最大,值为 0.313 6~0.354 2 mg/g;高水高氮(W3N3)处理下(R,S)-告依春含量最小,值为 0.287 6~0.320 3 mg/g;中水中氮(W2N2)较高水高氮(W3N3)处理板蓝根中(R,S)-告依春含量增幅为 5.2%~6.0%。

同一灌水水平下,(R,S)-告依春含量随着施氮量的减小而增加,表现为 N1>N2>N3。在 W1 水平下,(R,S)-告依春含量 N1 处理较 N2 处理的增幅为 0.5%~1.3%,N1 处理较 N3 处理的增幅为 3.0%~3.3%,N2 处理较 N3 处理的增幅为 2.0%~2.5%;在 W2 水平

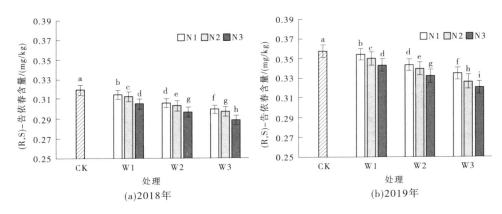

图 3-4　不同水氮处理对板蓝根中(R,S)-告依春含量的影响

下,(R,S)-告依春含量 N1 处理较 N2 处理的增幅为 0.8%~1.1%,N1 处理较 N3 处理的增幅为 3.0%~3.3%,N2 处理较 N3 处理的增幅为 2.2%;在 W3 水平下,(R,S)-告依春含量 N1 处理较 N2 处理的增幅为 0.7%~2.6%,N1 处理较 N3 处理的增幅为 3.8%~4.5%,N2 处理较 N3 处理的增幅为 1.9%~3.1%。

同一施氮水平下,(R,S)-告依春含量随着灌水量的减小而增加,表现为 W1>W2>W3。在 N1 水平下,(R,S)-告依春含量 W1 处理较 W2 处理的增幅为 2.8%~3.2%,W1 处理较 W3 处理的增幅为 5.0%~5.8%,W2 处理较 W3 处理的增幅为 2.1%~2.5%;在 N2 水平下,(R,S)-告依春含量 W1 处理较 W2 处理的增幅为 3.1%,W1 处理较 W3 处理的增幅为 5.2%~7.2%,W2 处理较 W3 处理的增幅为 2.0%~4.0%;在 N3 水平下,(R,S)-告依春含量 W1 处理较 W2 处理的增幅为 2.8%~3.3%,W1 处理较 W3 处理的增幅为 5.8%~7.0%,W2 处理较 W3 处理的增幅为 3.0%~3.7%。因此,灌水和施氮间存在交互作用,且施氮对(R,S)-告依春影响作用大于灌水。过量灌水、过量施氮显著降低了板蓝根中(R,S)-告依春的含量,节水、减氮有利于提高板蓝根中(R,S)-告依春的含量,改善品质。

3.5.4　不同水氮处理对板蓝根中多糖含量的影响

不同水氮处理对板蓝根中多糖含量的影响见图 3-5。由图 3-5 可以看出,灌水和施氮显著影响板蓝根中多糖含量,不同水氮处理间差异性达显著水平($P<0.05$)。不同水氮处理中,板蓝根中多糖含量为 128.41~138.87 mg/g。低水低氮(W1N1)处理多糖含量最大,为 132.02~138.87 mg/g;高水高氮(W3N3)处理多糖含量最小,为 128.41~134.55 mg/g;中水中氮(W2N2)较高水高氮(W3N3)处理板蓝根中多糖含量增幅为 1.8%~2.1%。

同一灌水水平下,多糖含量随着施氮量的减小而增加,表现为 N1>N2>N3。在 W1 水平下,多糖含量 N1 处理较 N2 处理的增幅为 0.2%~0.5%,N1 处理较 N3 处理的增幅为 0.9%~1.1%,N2 处理较 N3 处理的增幅为 0.6%~0.7%;在 W2 水平下,多糖含量 N1 处理较 N2 处理的增幅为 0.1%~0.4%,N1 处理较 N3 处理的增幅为 1.0%~1.2%,N2 处理较 N3 处理的增幅为 0.6%~1.1%;在 W3 水平下,多糖含量 N1 处理较 N2 处理的增幅为 0.6%~0.7%,N1 处理较 N3 处理的增幅为 1.3%~1.5%,N2 处理较 N3 处理的增幅为

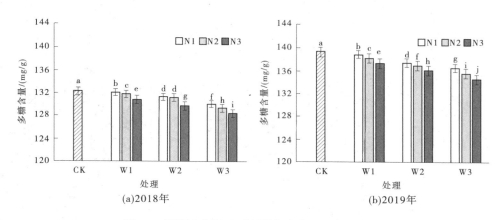

图 3-5　不同水氮处理对板蓝根中多糖含量的影响

0.7%~0.8%。

同一施氮水平下,多糖含量随着灌水量的减小而增加,表现为 W1>W2>W3。在 N1 水平下,多糖含量 W1 处理较 W2 处理的增幅为 0.6%~1.0%,W1 处理较 W3 处理的增幅为 1.5%~1.7%,W2 处理较 W3 处理的增幅为 0.7%~0.9%;在 N2 水平下,多糖含量 W1 处理较 W2 处理的增幅为 0.4%~0.9%,W1 处理较 W3 处理的增幅为 1.8%~1.9%,W2 处理较 W3 处理的增幅为 1.0%~1.4%;在 N3 水平下,多糖含量 W1 处理较 W2 处理的增幅为 0.8%~0.9%,W1 处理较 W3 处理的增幅为 1.8%~2.1%,W2 处理较 W3 处理的增幅为 1.0%~1.1%。因此,灌水和施氮间存在交互作用,且灌水对多糖含量的影响作用大于施氮。过量灌水、过量施氮显著降低了板蓝根中多糖含量,节水、减氮有利于提高板蓝根中多糖含量,改善品质。

3.6　本章小结

3.6.1　讨论

施氮对作物生长和代谢过程有重要的作用,施氮不足时作物生长缓慢且植株矮小,施氮充足时作物生长较为旺盛,施氮过量后不利于作物的生长发育。卢丽兰等研究发现高氮可显著提高广藿香单株重量。张云风等研究发现拟巫山淫羊藿的单株生物量和叶干重均随着氮浓度的增大而显著升高。本书研究发现,菘蓝产量随着施氮量的增加而先增加后减小,在 N2 水平产量达到最大。菘蓝产量随着灌水量的增加而先增加后减小,在 W2 水平产量达到最大。因此,在适当的范围内,灌水和施氮对作物增产作用显著,但过量和不合理的灌水和施氮均会对产量和环境产生严重的影响,过量灌溉不仅不利用作物增产,还会浪费大量宝贵的水资源,过量施氮会造成土壤硝态氮在土壤中的淋失,严重威胁生态环境安全,同时会造成作物减产。

菘蓝作为以板蓝根为主要收获对象的中药材,对土壤水分含量非常敏感,一定范围内,菘蓝产量和土壤含水量呈正相关,当土壤含水量过高时,菘蓝产量随着土壤含水量的增加表现为不增产甚至减产。本次试验中,2019 年菘蓝全生育期降雨量为 253.9 mm,远远高于 2018 年菘蓝全生育期 126.0 mm 的降雨量,导致 2019 年水氮处理的板蓝根和大青叶产量均低于 2018 年相对应处理的产量。但 2019 年对照产量高于 2018 年对照产量,原因可能是对照未灌水,自然降水后土壤含水量没有长期超过菘蓝承载的最高土壤含水量,菘蓝产量依然和土壤含水量呈正相关,即水量多,产量高。

适量地减少灌溉具有节水增产效果,雷艳等研究发现冬小麦在返青期水分亏缺处理的干物质显著降低了 7.7%,但提高了 4.95 的产量和 7.56% 的水分利用效率。张明等提出适合民乐县板蓝根的灌溉定额为 2 580 m³/hm²,与常规灌溉模式相比,节水 1 200 m³/hm²,增产值 5 755 元/hm²,节水增产效益显著。李文明等研究发现,民乐县菘蓝种植灌溉量为 2 250 m³/hm² 时,产量和经济效益均最佳。本书同样发现在施氮 200 kg/hm² 条件,节水 20%~30% 的 W2N2 处理较常规漫灌处理 W3N2 的产量和水分利用效率分别提高 5.1%~6.9% 和 2.9%~4.0%;节水至 30%~40% 的 W1N2 处理较常规漫灌处理 W3N2 的产量降低 1.5%~4.3%,水分利用效率处理间变化不一致。

作物高产峰值与水分利用效率并非完全吻合,本书表明,菘蓝最大产量对应的水氮处理(W2N2)并非水分利用效率最高,与水分利用效率最高的处理(W1N1)相比,中产处理(W2N2)水分利用效率降低了 4.3%~7.7%。氮肥利用率随灌水量增加而提高,随施氮量增加而降低。因此,在农业生产中想实现既要氮肥和水分的高效利用,又要作物高产和资源环境安全是矛盾的,有待进一步研究水氮互作的耦合效应及其机制,寻求实现水氮资源、环境安全与高产高效可持续目标的协调和统一。

药用植物的药效成分大多数为次生代谢产物,靛蓝、靛玉红属于吲哚类生物碱,(R,S)-告依春属于含硫类生物碱,它们均为含氮次生代谢产物。次生代谢产物受遗传、环境生态因子等诸多因素的影响。氮素可能通过影响氮和碳的代谢、次生代谢过程的酶系统等方式对植物的次生代谢途径进行调控,从而引起次生代谢产物含量的变化。水分可能通过影响植物对土壤营养元素的吸收而影响次生代谢产物含量。朱孟炎等研究发现,长春花叶片中的文朵灵、长春质碱等品质指标含量在低氮水平下均显著低于正常和高氮水平。丁丽洁等研究发现,黄檗中小檗碱、药根碱等品质指标含量均随着施氮量的增加而增加。本书发现,在低灌水水平下、低氮素供应水平下,板蓝根中靛蓝、靛玉红、(R,S)-告依春和多糖含量均显著高于高灌水水平、高氮素供应水平的处理。兼顾药用植物产量和品质是生产实践中的关键环节,施氮和灌水应考虑菘蓝生长与其次生代谢产物积累的平衡,当地菘蓝种植节水至田间持水量的 70%~80%,施氮量减至 200 kg/hm² 时,菘蓝既能获得高产,又能获得较好的品质。

3.6.2　结论

连续两年的大田试验表明,灌水和施氮显著影响着菘蓝的产量,中水中氮(W2N2)较高水高氮(W3N3)处理板蓝根和大青叶的增幅分别为 13.7%~21.2% 和 4.0%~9.8%。同一灌水水平下,板蓝根和大青叶的产量均随施氮量的增加先增加后减小,表现为 N2>N3>N1,说明中氮较低氮和高氮能显著提高板蓝根的产量,且低氮对产量的影响大于高氮。同一施氮水平下,板蓝根和大青叶的产量随灌水量的增加先增加后减小,板蓝根的产量表现为 W2>W1>W3,大青叶的产量表现为 W2>W3>W1;说明中水较低水和高水能显著提高板蓝根和大青叶的产量,高水处理对板蓝根产量的影响大于低水处理,高水处理对大青叶产量的影响小于低水处理,说明高水、高氮抑制板蓝根的形成,但可以促进大青叶的形成。施氮量对板蓝根产量的拟合曲线表明,灌水和施氮之间存在明显的交互增产作用,过量或过少灌水、施氮均不能实现高产目标,节水至土壤含水量为田间持水量的 70%~80%,减氮至 202.6~206.0 kg/hm²,板蓝根产值达到 7 145.6~7 418.4 kg/hm²。

同一灌水水平下,水分利用效率随施氮量的增加先增加后降低,表现为 N2>N3>N1;同一施氮水平下,水分利用效率随灌水量的增加而降低,表现为 W1>W2>W3。低水中氮(W1N2)水分利用效率最高,值为 19.5~22.1 kg/(hm²·mm);高水低氮(W3N1)水分利用效率最低,值为 12.8~14.5 kg/(hm²·mm),过量灌水和过量施氮会显著降低水分利用效率,中水中氮(W2N2)较高水高氮(W3N3)处理水分利用效率增幅为 24.3%~27.2%。可知,灌水对水分利用效率的作用大于施氮。节水减氮显著提高了菘蓝水分利用效率。

同一灌水水平下,氮肥利用效率随着施氮量的增加而减小,表现为 N1>N2>N3;同一施氮水平下,氮肥利用效率随着灌水量的增加先增加后减小,表现为 W2>W3>W1。中水低氮(W2N1)氮肥利用效率最高,值为 33.1%~38.1%;高水高氮(W3N3)氮肥利用效率最低,值为 22.9%~25.1%;中水中氮(W2N2)较高水高氮(W3N3)处理氮肥利用效率增幅为 31.8%~34.5%%,可知,施氮对氮肥利用效率的作用大于灌水。过量灌水和过量施氮会大幅降低氮肥利用效率,增加生产成本,节水减氮显著提高了菘蓝氮肥利用效率。

灌水和施氮显著影响板蓝根中靛蓝、靛玉红、(R,S)-告依春和多糖含量,相同水分梯度,靛蓝、靛玉红、(R,S)-告依春和多糖含量随着施氮量的减小而增加,表现为 N1>N2>N3,说明低氮形成的逆境环境有利于提高板蓝根的品质指标;同一施氮水平下,靛蓝、靛玉红、(R,S)-告依春和多糖含量随着施氮量的减小而增加,表现为 W1>W2>W3,低水形成的逆境环境有利于提高板蓝根的品质指标;而且灌水和施氮间存在交互作用,施氮对靛蓝含量影响作用大于灌水。相比高水高氮(W3N3),中水中氮(W2N2)靛蓝、靛玉红、(R,S)-告依春和多糖含量增幅分别为 4.5%~5.9%、2.7%~3.1%、5.2%~6.0% 和 1.8%~2.1%。

第4章　水氮调控对菘蓝生长发育的影响

在西北干旱区灌溉农业生产中,灌水和施肥,尤其是氮肥,对促进作物生长发育,提高作物产量和品质有显著的作用。郭丙玉等研究发现,合理的水氮配施可以增加作物干物质积累量。孔东等研究发现,合理的水氮配施增加了冬小麦干物质积累量和产量。杨荣等研究发现,合理的水氮配合增加了沙地农田玉米产量。产量是农业生产永恒追求的目标,但作为药用植物的菘蓝不能太过追求高产,其药用价值(菘蓝的品质)更需要人们的关注,在保证合理产量的前提下,节水减氮有利于菘蓝次生代谢产物含量的增加和品质的改善,实现"药用品质优良"的目标,实现资源节约和环境友好的栽培模式势在必行。本次试验通过探究不同水氮处理对菘蓝生长指标和干物质积累的影响,以期为当地菘蓝节水减氮种植提供栽培理论基础。

4.1　不同水氮处理对菘蓝生长指标的影响

不同水氮处理对菘蓝生长指标的影响见表4-1。由表4-1可以看出,灌水和施氮对菘蓝根长、株高、主根直径影响显著。同一灌水水平下,根长、株高和主根直径均随施氮量的增加先增加后减小,表现为N2>N3>N1;同一施氮水平下,根长、株高和主根直径均随灌水量的增加先增加后减小,表现为W2>W1>W3。

表4-1　不同水氮处理对菘蓝生长指标的影响　　　单位:cm

处理	2018 年			2019 年		
	根长	株高	主根直径	根长	株高	主根直径
W1N1	23.8±0.42g	33.2±0.36g	1.28±0.025f	22.2±0.31e	29.8±0.76f	1.19±0.012f
W1N2	25.3±0.89ef	35.7±1.16ef	1.39±0.026d	24.4±0.57c	32.7±0.96c	1.31±0.025de
W1N3	24.5±0.56fg	34.7±1.2fg	1.33±0.031e	23.6±0.78c	31.2±0.55e	1.26±0.059e
W2N1	26.6±0.65c	37.8±0.57bc	1.48±0.026c	24.2±0.6c	34.6±0.44bc	1.36±0.021d
W2N2	28.7±0.47a	40.7±0.46a	1.65±0.032a	26.7±0.45a	37.2±1a	1.59±0.04a
W2N3	27.8±0.56ab	38.8±0.96bc	1.59±0.025b	25.7±0.67b	35.9±1.11ab	1.51±0.015b
W3N1	25.6±0.6de	36.1±0.7ef	1.37±0.017de	23.4±0.57c	33.3±1.01cd	1.28±0.01e
W3N2	27.2±0.6bc	39.2±0.9ab	1.46±0.023c	25.4±0.59b	36.3±0.5a	1.43±0.026c
W3N3	26.5±0.4cd	37.3±1.3ce	1.41±0.025d	24±0.59c	34.2±0.79cd	1.36±0.031d
CK	21.2±0.53h	31.5±0.71h	1.12±0.026g	18.3±0.4f	27.8±0.96g	0.92±0.023g

过量灌水和过量施氮会造成菘蓝根长、株高和主根直径减小,节水减氮有利于菘蓝根长、株高和主根直径的增大,W2N2较W3N3处理根长、株高和主根直径增幅分别为8.2%~11.0%、8.9%~9.0%和16.5%~17.1%。

4.2　不同水氮处理对菘蓝干物质积累量的影响

灌水和施氮是作物生产调控的关键因子,合理的灌水和施氮有利作物增产,干物质的形成、积累和分配是作物产量形成的基础。

4.2.1　干物质增长 Logistic 模型

Logistic 模型是生态学研究中的经典模型,本书采用 Logistic 模型模拟菘蓝全生育期内干物质的积累动态变化,菘蓝的干物质增长 Logistic 模型方程表达式为

$$y = \frac{c}{1 + e^{a-bt}}$$

式中:y 为菘蓝干物质积累量,g/plant;t 为菘蓝出苗后的天数,d;c 为干物质最大积累量上限;a 和 b 为常数。

求出该方程的一阶导数,其为菘蓝干物质积累速度函数,即 $V_{(t)} = \dfrac{dy}{dt} = \dfrac{cbe^{a-bt}}{(1 + e^{a-bt})^2}$,用其描述菘蓝干物质增长的速度随时间的变化,其函数图像在坐标系内为单峰曲线。

求出干物质积累速度函数的一阶导数,即 Logistic 模型方程的二阶导数,$\dfrac{d^2y}{dt^2} = \dfrac{cb^3 e^{a-bt}(e^{a-bt} - 1)}{(1 + e^{a-bt})^3}$,令其等于 0,即 $\dfrac{d^2y}{dt^2} = 0$,则可求当 $t = a/b$ 时,即当菘蓝出苗后 a/b 天时,植株的干物质增长速度最快,为菘蓝的高速生长期。

同时求出干物质积累速度函数的二阶导数,即 Logistic 模型方程的三阶导数,$\dfrac{d^3y}{dt^3} = \dfrac{cb^3 e^{a-bt}(1 - 4e^{a-bt} + e^{2a-2bt})}{(1 + e^{a-bt})^4}$,令其等于 0,即 $\dfrac{d^3y}{dt^3} = 0$,简化可得到 $1 - 4e^{a-bt} + e^{2a-2bt} = 0$,求得 $t_1 = \dfrac{a - 1.317}{b}$,$t_2 = \dfrac{a + 1.317}{b}$,这是干物质积累速度方程的 2 个拐点,即为干物质快速积累期的起点时间和终点时间。起点时间和终点时间的持续时间 $\Delta t = t_2 - t_1 = \dfrac{2.643}{b}$。

Logistic 模型方程进行求导过程中的相关参数:t_0 为菘蓝生育期内干物质积累最大速度出现的时间;t_1 和 t_2 分别为 Logisitc 生长曲线的 2 个拐点,即干物质快速积累期的起点时间和终点时间;V_{max} 为菘蓝生育期内干物质最大增长速度,g/(株·d);V_{mean} 为菘蓝干物质快速积累期的干物质平均增长速度,g/(株·d);Δt 为干物质快速积累期持续时间。

4.2.2　不同水氮处理对菘蓝干物质积累量的影响

不同水氮处理对菘蓝干物质积累量的影响见图 4-1。由图 4-1 可以看出,随着生育进程的推进,菘蓝干物质积累量呈慢−快−慢的"S"形增长趋势,苗期积累量占比为 9.2%~10.2%,营养生长期积累量占比为 58.2%~66.9%,肉质根生长期积累量占比为 18.6%~

25.0%，肉质根成熟期积累量占比为 2.2%~11.3%。W2N2 较 W3N3 处理整株干物质积累量增幅为 8.7%~10.6%。

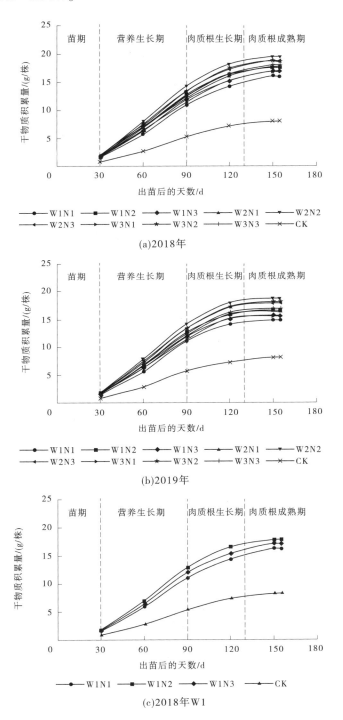

图 4-1　不同水氮处理对菘蓝干物质积累量的影响

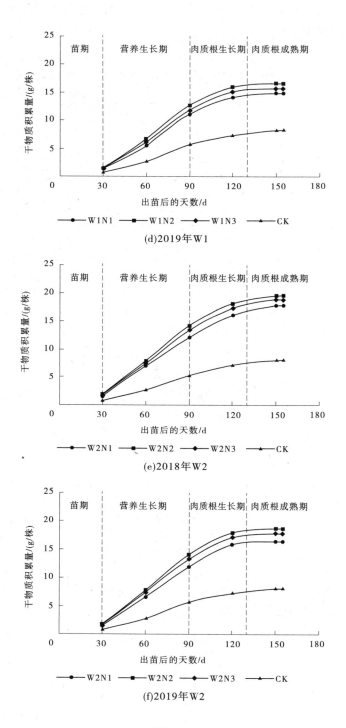

(d)2019年W1

(e)2018年W2

(f)2019年W2

续图 4-1

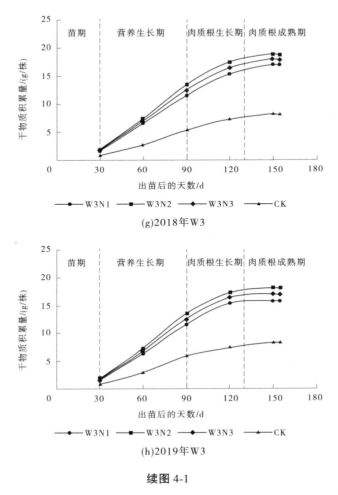

(g)2018年W3

(h)2019年W3

续图 4-1

同一灌水水平下,菘蓝干物质积累量随着施氮量的增加先增加后减小,表现为 N2>N3>N1。在 W1 灌水水平下,N2 较 N3 处理干物质积累量增幅为 3.7%～5.2%,N2 较 N1 处理干物质积累量增幅为 9.7%～11.6%;在 W2 灌水水平下,N2 较 N3 处理干物质积累量增幅为 3.6%～4.8%,N2 较 N1 处理干物质积累量增幅为 9.8%～14.2%;在 W3 灌水水平下,N2 较 N3 处理干物质积累量增幅为 4.0%～6.3%,N2 较 N1 处理干物质积累量增幅为 10.5%～15.2%。

同一施氮水平下,菘蓝干物质积累量随着灌水量的增加先增加后减小,表现为 W2>W3>W1。在 N1 施氮水平下,W2 处理的干物质积累量较 W3 增幅为 5.0%～5.2%,W2 处理的干物质积累量较 W1 增幅为 10.4%～11.2%;在 N2 施氮水平下,W2 较 W3 处理干物质积累量增幅为 4.1%～4.5%,W2 较 W1 处理干物质积累量增幅为 11.3%～13.0%;在 N3 施氮水平下,W2 较 W3 处理干物质积累量增幅为 4.9%～5.6%,W2 较 W1 处理干物质积累量增幅为 11.3%～13.5%。

进程的推进,板蓝根干物质积累量呈慢-快-慢的"S"形增长趋势,苗期积累量占比为

4.2.3　不同水氮处理对板蓝根干物质积累量的影响

不同水氮处理对板蓝根干物质积累量的影响见图4-2。由图4-2可以看出,随着生育

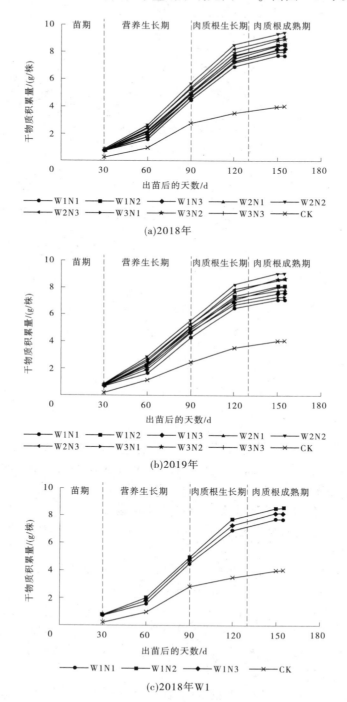

图 4-2　不同水氮处理对板蓝根干物质积累量的影响

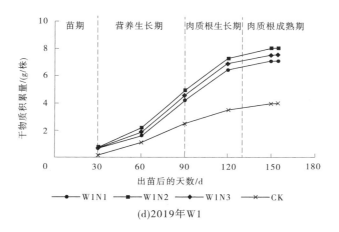

(d)2019年W1

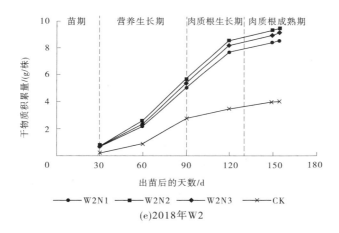

(e)2018年W2

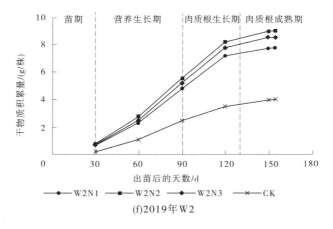

(f)2019年W2

续图 4-2

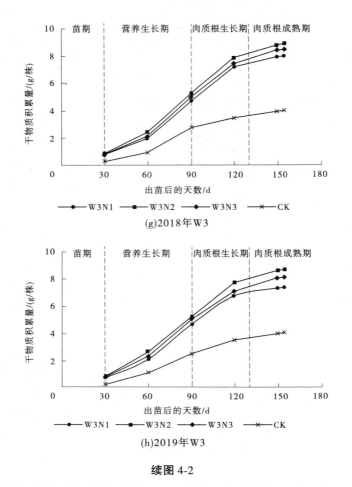

(g)2018年W3

(h)2019年W3

续图4-2

进程的推进,板蓝根干物质积累量呈慢-快-慢的"S"形增长趋势,苗期积累量占比为5.1%~10.0%,营养生长期积累量占比为48.2%~62.6%,肉质根生长期积累量占比为17.8%~32.2%,肉质根成熟期积累量占比为9.1%~13.4%。W2N2较W3N3处理板蓝根干物质积累量增幅为10.1%~12.1%。

同一灌水水平下,菘蓝干物质积累量随着施氮量的增加先增加后减小,表现为N2>N3>N1。在W1灌水水平下,N2较N3处理干物质积累量增幅为4.6%~6.5%,N2较N1处理干物质积累量增幅为10.8%~13.5%;在W2灌水水平下,N2较N3处理干物质积累量增幅为3.7%~5.4%,N2较N1处理干物质积累量增幅为10.4%~15.8%;在W3灌水水平下,N2较N3处理干物质积累量增幅为4.4%~6.9%,N2较N1处理干物质积累量增幅为11.3%~17.4%。

同一施氮水平下,菘蓝干物质积累量随着灌水量的增加先增加后减小,表现为W2>W3>W1。在N1施氮水平下,W2处理的干物质积累量较W3增幅为6.2%~6.3%,W2处理的干物质积累量较W1增幅为9.4%~10.5%;在N2施氮水平下,W2较W3处理干物质积累量增幅为4.9%~5.5%,W2较W1处理干物质积累量增幅为10.0%~11.7%;在N3施氮水平下,W2较W3处理干物质积累量增幅为6.2%~6.4%,W2较W1处理干物质积累量增幅为 11.0%~12.9%。

对全生育期板蓝根的田间试验数据进行 Logistic 方程拟合,相关参数见表 4-2 和表 4-3。板蓝根干物质快速积累的起止时间在出苗后 54~113 d,与本次试验划分的肉质根生长期基本一致,干物质最大积累速率出现时间在出苗后 78~86 d。

表 4-2　Logisitc 方程相关参数(2018 年)

处理	方程	t_0/d	t_1/d	t_2/d	$V_{max}/$ [g/(株·d)]	$V_{mean}/$ [g/(株·d)]	$\Delta t/d$	R^2
W1N1	$y=8.19/(1+e^{4.32-0.050t})$	86.4	60.1	112.7	0.102	0.090	52.6	0.998
W1N2	$y=8.91/(1+e^{4.14-0.049t})$	84.5	57.6	111.4	0.109	0.096	53.8	0.999
W1N3	$y=8.53/(1+e^{4.22-0.049t})$	85.5	58.8	112.2	0.105	0.092	53.4	0.999
W2N1	$y=8.87/(1+e^{3.97-0.048t})$	83.3	55.7	110.9	0.106	0.093	55.2	0.999
W2N2	$y=9.77/(1+e^{3.86-0.047t})$	81.9	54.0	109.8	0.115	0.101	55.8	0.999
W2N3	$y=9.42/(1+e^{3.98-0.048t})$	83.1	55.6	110.5	0.113	0.099	54.9	0.999
W3N1	$y=8.54/(1+e^{3.99-0.047t})$	84.7	56.7	112.7	0.101	0.088	55.9	0.999
W3N2	$y=9.34/(1+e^{3.76-0.045t})$	83.2	54.0	112.4	0.105	0.092	58.4	1.000
W3N3	$y=8.96/(1+e^{3.90-0.046t})$	84.8	56.2	113.5	0.103	0.090	57.3	1.000
CK	$y=4.00/(1+e^{4.63-0.059t})$	78.2	56.0	100.5	0.059	0.052	44.5	0.995

表 4-3　Logisitc 方程相关参数(2019 年)

处理	方程	t_0/d	t_1/d	t_2/d	$V_{max}/$ [g/(株·d)]	$V_{mean}/$ [g/(株·d)]	$\Delta t/d$	R^2
W1N1	$y=7.54/(1+e^{4.17-0.050t})$	83.9	57.4	110.4	0.094	0.082	53.0	0.998
W1N2	$y=8.43/(1+e^{3.87-0.0047t})$	81.4	53.7	109.1	0.100	0.088	55.5	0.999
W1N3	$y=8.00/(1+e^{4.05-0.049t})$	82.6	55.7	109.4	0.098	0.086	53.7	0.999
W2N1	$y=8.35/(1+e^{3.69-0.046t})$	81.1	52.2	110.0	0.095	0.083	57.8	0.999
W2N2	$y=9.53/(1+e^{3.61-0.045t})$	80.3	51.0	109.7	0.107	0.094	58.7	0.999
W2N3	$y=9.14/(1+e^{3.71-0.045t})$	81.8	52.8	110.8	0.104	0.091	58.0	0.999
W3N1	$y=7.89/(1+e^{3.75-0.046t})$	81.1	52.6	109.5	0.091	0.080	56.9	1.000
W3N2	$y=9.08/(1+e^{3.54-0.044t})$	81.1	50.9	111.3	0.099	0.087	60.4	0.999
W3N3	$y=8.53/(1+e^{3.64-0.045t})$	81.6	52.0	111.1	0.095	0.083	59.1	1.000
CK	$y=4.21/(1+e^{3.98-0.049t})$	82.0	54.9	109.2	0.051	0.045	54.3	0.998

同一灌水水平下,干物质快速积累持续时间随着施氮量的增加先增加后减小,在 W2 水平下,N2 较 N3 处理干物质快速积累量增幅为 3.8%~4.2%;同一施氮水平下,干物质快速积累持续时间随着灌水量的增加而增加,在 N2 水平下,W2 较 W3 处理干物质积累量增幅为 4.7%~5.0%。

Δt 和 V_{mean} 是决定干物质积累量的关键参数,尽管 W3 水平下的 Δt 较高,但 V_{mean} 均较小,因此 W2 水平下 3 个处理的干物质积累量仍然高于 W3 水平下处理,变化趋势总体与产量变化一致。W2N2 较 W3N3 处理干物质积累量增幅为 9.0%~11.7%。

4.3　不同水氮处理对收获期菘蓝干物质分配的影响

不同水氮处理对收获期菘蓝干物质分配的影响见表4-4、图4-3。由表4-4可以看出，同一灌水水平下，板蓝根的干物质分配占比随着施氮量的增加先增加后减小，表现为N2>N3>N1，在W2灌水水平下，N2较N3处理板蓝根的干物质分配占比增幅为0.1%~0.6%，N2较N1处理板蓝根的干物质分配占比增幅为0.5%~1.4%；同一施氮水平下，板蓝根的干物质分配占比随着灌水量的增加反而减小，表现为W2>W3>W1，说明增加灌水量不利于板蓝根的生长。在N2施氮水平下，W2较W3处理板蓝根的干物质分配占比增幅为0.8%~1.0%；增加施氮量有利于增加收获时板蓝根干物质分配占比，增加灌水量反而减小了收获时板蓝根干物质分配占比，W2N2较W3N3处理板蓝根的干物质分配占比增幅为1.3%~1.5%。

表 4-4　不同水氮处理对收获期菘蓝干物质分配的影响

处理	2018 年			2019 年		
	板蓝根占比	大青叶占比	收获指数	板蓝根占比	大青叶占比	收获指数
W1N1	48.3%	51.7%	0.483	48.5%	51.5%	0.485
W1N2	48.8%	51.2%	0.488	49.3%	50.7%	0.493
W1N3	48.4%	51.6%	0.484	48.7%	51.3%	0.487
W2N1	48.0%	52.0%	0.480	48.1%	51.9%	0.481
W2N2	48.3%	51.7%	0.483	48.8%	51.2%	0.488
W2N3	48.2%	51.8%	0.482	48.5%	51.5%	0.485
W3N1	47.5%	52.5%	0.475	47.5%	52.5%	0.475
W3N2	47.8%	52.2%	0.478	48.4%	51.6%	0.484
W3N3	47.6%	52.4%	0.476	48.1%	51.9%	0.481
CK	49.7%	50.3%	0.497	49.8%	50.2%	0.498

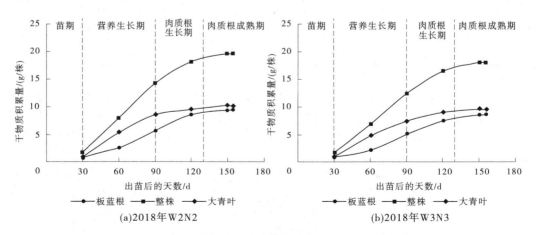

图 4-3　不同水氮处理对收获期菘蓝干物质分配的影响

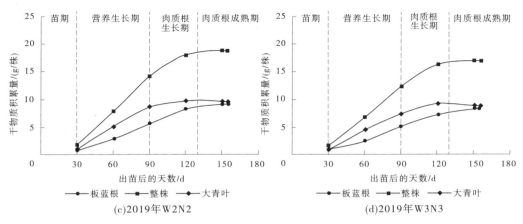

续图 4-3

由图 4-3 可以看出,不同处理的干物质向不同器官分配的趋势基本一致:苗期,干物质主要分配给根部用于生长、吸收养分;营养生长期,干物质主要分配给大青叶进行营养生长;肉质根生长期,干物质第二次主要分配给板蓝根;肉质根成熟期,阶段积累的干物质量较小,积累的干物质主要分配给根部。

不同水氮处理对菘蓝器官干物质分配的影响见图 4-4。由图 4-4 可以看出,全生育期

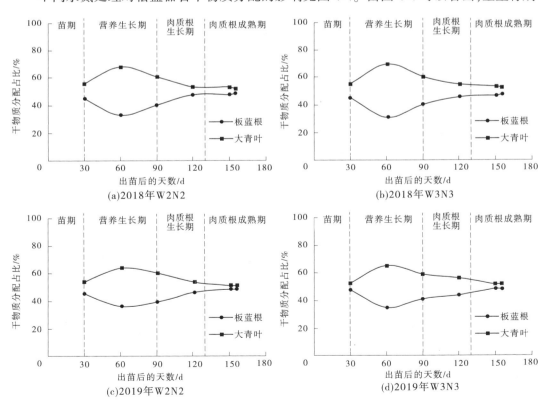

图 4-4　不同水氮处理对菘蓝干物质分配的影响

内,W2N2 和 W3N3 处理干物质分配趋势基本一致:苗期,干物质主要分配给根部;营养生长期,大青叶干物质分配占比为 52.5%~69.3%;肉质根生长期,板蓝根干物质分配占比为 40.1%~60.4%;肉质根成熟期,干物质主要分配给根部。

4.4　本章小结

4.4.1　讨论

氮素是植物生长发育的必需营养元素,对作物产量的贡献率为 40%~50%,施氮对作物生长非常重要。合理的氮肥用量能够促进作物生物量的积累,过量施氮不仅不利于作物生长,还会降低作物的抗逆性。本书研究发现,在适量范围内,灌水和施氮明显提高了菘蓝鲜重、干重、根长、株高和主根直径,但是超量后,这些生长指标反而下降或增加不显著,这与王雨等的研究结果一致,说明在适宜的施氮水平下,氮素通过调控氮代谢参与了植株形态的建成,或是通过影响植株的光合作用进而影响植株生物量的积累。

干物质是植物光合作用产物的最终表现形态,植物干物质的积累、分配和转运与产量形成关系密切,合理的灌水和施氮是促进药用植物菘蓝的生长发育和干物质的积累的关键调控手段。

菘蓝与丹参、黄芪等以根入药的中药材不同,菘蓝的根和叶可以同时入药,对菘蓝进行灌水和施氮调控时不仅要满足其对水和氮的需求,还要使根和叶协调生长。本书试验表明,当灌水量和施氮量分别为田间最大持水率的 70%~80%、200 kg/hm² 时,菘蓝总干物质积累量、干物质日增长量、根干物质分配率随着灌水量和施氮量的增加而增加,超过此范围后,总干物质积累量、干物质日增长量、根干物质分配率反而下降。

4.4.2　结论

灌水和施氮对菘蓝根长、株高、主根直径影响显著。同一灌水水平下,根长、株高和主根直径均随施氮量的增加先增加后减小,表现为 N2>N3>N1;同一施氮水平下,根长、株高和主根直径均随灌水量的增加先增加后减小,表现为 W2>W1>W3。W2N2 较 W3N3 处理根长、株高和主根直径增幅分别为 8.2%~11.0%、8.9%~9.0% 和 16.5%~17.1%。

随着生育进程的推进,菘蓝整株及板蓝根的干物质积累量均呈慢-快-慢的"S"形增长趋势,灌水和施氮对干物质积累量有显著影响。同一灌水水平下,菘蓝整株及板蓝根干物质积累量随着施氮量的增加先增加后减小,表现为 N2>N3>N1;同一施氮水平下,菘蓝整株及板蓝根干物质积累量随着灌水量的增加先增加后减小,表现为 W2>W3>W1。W2N2 较 W3N3 处理整株和板蓝根干物质积累量增幅分别为 8.7%~10.6% 和 10.1%~12.1%。

同一灌水水平下,干物质快速积累持续时间和干物质快速积累期平均增长速度随着施氮量的增加先增加后减小。同一施氮水平下,干物质快速积累持续时间随着灌水量的增加而增加,干物质快速积累期平均增长速度随着灌水量增加先增加后减小。W2N2 较 W3N3 处理干物质积累量增幅为 9.0%~11.7%;灌水和施氮对板蓝根干物质最大积累速度出现时间影响不显著,基本集中在出苗后 78~86 d。

　　同一灌水水平下,板蓝根的干物质分配占比随着施氮量的增加先增加后减小,表现为 N2>N3>N1,同一施氮水平下,板蓝根的干物质分配占比随着灌水量的增加反而减小,表现为 W2>W3>W1;增加施氮量有利于增加收获时板蓝根干物质分配占比,增加灌水量反而减小了收获时板蓝根干物质分配占比,W2N2 较 W3N3 处理板蓝根的干物质分配占比增幅为 1.3%~1.5%。

第5章　水氮调控对菘蓝光合特性的影响

水分对植物生理代谢具有重要作用,当土壤含水量较低时,植物根系通过改变其化学成分的含量、形态结构等方式应对水分胁迫,进而影响作物产量的形成。氮素不仅是植物体内叶绿素、蛋白质、核酸和部分激素等重要物质的构成成分,同时还是植物生理代谢中最活跃、无处不在的重要物质——酶的主要成分。因此,灌水和施氮对作物生理代谢有重要的调控作用。本次试验通过研究不同水氮处理对菘蓝生理指标净光合速率、气孔导度、蒸腾速率、胞间 CO_2 浓度和叶面积指数的影响,以期阐明菘蓝对节水、减氮环境的生理响应,为当地菘蓝生产中减量施肥和节约灌水获取合理产量提供理论依据。

5.1　不同水氮处理对菘蓝叶片净光合速率的影响

净光合速率是指一段时间内植物体内发生光合作用的总量减去呼吸作用的量,一般用光照条件下单位时间 O_2 的释放量或 CO_2 的吸收量来表示,是体现植物通过光合作用积累有机物多少的重要指标。

不同水氮处理对菘蓝净光合速率的影响(2018 年)见表 5-1,不同水氮处理对菘蓝净光合速率的影响(2019 年)见表 5-2。由表 5-1 和表 5-2 可以看出,灌水和施氮显著影响菘蓝叶片的净光合速率($P < 0.05$)。全生育期内,菘蓝叶片净光合速率为 8.32 ~ 16.33 $\mu molCO_2/(m^2 \cdot s)$,净光合速率随着生育进程的推进表现出先增加后减小的变化趋势,最大值出现在营养生长期,此时,W2N2 较 W3N3 处理净光合速率增幅达 6.6% ~ 11.1%。

表 5-1　不同水氮处理对菘蓝净光合速率的影响(2018 年)

处理	净光合速率/[$\mu molCO_2/(m^2 \cdot s)$]			
	苗期	营养生长期	肉质根生长期	肉质根成熟期
W1N1	8.23±0.015f	15.01±0.035h	14.23±0.02h	9.76±0.055h
W1N2	8.3±0.025de	16.28±0.035e	15.45±0.044d	10.89±0.046e
W1N3	8.27±0.025e	15.73±0.061g	14.88±0.021g	10.31±0.046g
W2N1	8.31±0.025de	16.43±0.067d	15.42±0.053d	11.56±0.03d
W2N2	8.4±0.025a	17.23±0.05a	16.83±0.04a	12.73±0.068a
W2N3	8.38±0.035ab	16.82±0.025b	16.21±0.03b	12.26±0.079b
W3N1	8.27±0.02ef	16.09±0.02f	15.11±0.047f	10.66±0.031f
W3N2	8.35±0.025bc	16.89±0.04b	15.84±0.04c	12.12±0.036c
W3N3	8.33±0.025cd	16.62±0.042c	15.19±0.027e	11.64±0.023d
CK	8.18±0.03g	14.37±0.056i	13.21±0.031i	9.52±0.047i

表 5-2　不同水氮处理对菘蓝净光合速率的影响(2019 年)

处理	净光合速率/[μmolCO₂/(m²·s)]			
	苗期	营养生长期	肉质根生长期	肉质根成熟期
W1N1	7.28±0.036f	15.32±0.035h	13.67±0.151i	8.18±0.095h
W1N2	7.56±0.051c	16.95±0.045e	18.85±0.093a	10.31±0.095f
W1N3	7.48±0.025de	16.41±0.07g	14.42±0.03h	9.62±0.102g
W2N1	7.62±0.04c	17.66±0.067d	15.67±0.02e	11.15±0.096d
W2N2	7.81±0.025a	18.62±0.085a	16.78±0.11b	12.25±0.060a
W2N3	7.72±0.027b	18.11±0.05b	16.21±0.044c	11.85±0.110b
W3N1	7.46±0.027e	16.72±0.12f	14.87±0.053g	10.16±0.104f
W3N2	7.61±0.067c	17.97±0.102c	15.94±0.086d	11.45±0.089c
W3N3	7.56±0.027c	16.31±0.057g	15.22±0.14f	10.81±0.112e
CK	7.55±0.061cd	14.51±0.096i	12.96±0.044j	8.21±0.076h

同一灌水水平下,净光合速率随着施氮量的增加先增加后减小,表现为 N2>N3>N1。在 W1 灌水水平下,N2 较 N3 处理净光合速率增幅为 3.5%~12.0%,N2 较 N1 处理净光合速率增幅为 7.8%~20.7%;在 W2 灌水水平下,N2 较 N3 处理净光合速率增幅为 2.9%~3.1%,N2 较 N1 处理净光合速率增幅为 6.4%~6.7%;在 W3 灌水水平下,N2 较 N3 处理净光合速率增幅为 2.7%~6.2%,N2 较 N1 处理净光合速率增幅为 6.1%~7.6%。

同一施氮水平下,净光合速率随着灌水量的增加先增加后减小,表现为 W2>W3>W1。在 N1 施氮水平下,W2 较 W3 处理净光合速率增幅为 3.2%~5.9%,W2 较 W1 处理净光合速率增幅为 9.5%~17.2%;在 N2 施氮水平下,W2 较 W3 处理净光合速率增幅为 3.8%~4.7%,W2 较 W1 处理净光合速率增幅为 3.3%~8.4%;在 N3 施氮水平下,W2 较 W3 处理净光合速率增幅为 3.7%~8.0%,W2 较 W1 处理净光合速率增幅为 9.1%~12.4%。

5.2　不同水氮处理对菘蓝叶片气孔导度的影响

气孔是植物叶片与外界环境中的 O₂、CO₂ 和水蒸气进行气体交换的主要通道,气孔开度影响气孔中的 CO₂、水和 O₂ 的含量,外界环境条件的变化引起植物叶片气孔开度的变化,进而影响植物的光合作用、蒸腾作用和呼吸作用。气孔导度能反映气孔张开的程度,其单位是 molH₂O/(m²·s),表示单位时间内进入叶片表面单位面积的水的量。植物缺水容易造成叶肉细胞膨压下降,气孔开度变小,气孔导度降低。

不同水氮处理对菘蓝叶片气孔导度的影响(2018 年)见表 5-3,不同水氮处理对菘蓝叶片气孔导度的影响(2019 年)见表 5-4。由表 5-3 和表 5-4 可以看出,灌水和施氮显著影响菘蓝叶片的气孔导度($P<0.05$)。全生育期内,菘蓝叶片气孔导度为 0.09~0.84

molH₂O/(m²·s)，随着生育进程的推进，气孔导度呈现为递增变化趋势，肉质根成熟期气孔导度最大，水分蒸散量最大，植株开始衰败枯萎。W2N2 较 W3N3 处理气孔导度增幅达 19.4%~22.4%。

表 5-3　不同水氮处理对菘蓝叶片气孔导度的影响(2018 年)

处理	气孔导度/[molH₂O/(m²·s)]			
	苗期	营养生长期	肉质根生长期	肉质根成熟期
W1N1	0.09±0.02f	0.18±0.025ef	0.31±0.06ef	0.44±0.05ef
W1N2	0.21±0.044cd	0.25±0.031bcd	0.38±0.062cde	0.53±0.046cde
W1N3	0.15±0.01e	0.22±0.045de	0.35±0.021de	0.49±0.047de
W2N1	0.26±0.021bc	0.29±0.038abc	0.45±0.04abc	0.59±0.071abcd
W2N2	0.33±0.04a	0.33±0.021a	0.53±0.067a	0.67±0.062a
W2N3	0.28±0.038ab	0.32±0.025ab	0.5±0.059ab	0.65±0.059ab
W3N1	0.16±0.038de	0.23±0.036cde	0.34±0.036de	0.51±0.042de
W3N2	0.29±0.02ab	0.31±0.062ab	0.49±0.036ab	0.62±0.036abc
W3N3	0.24±0.05bc	0.28±0.032abc	0.43±0.056bcd	0.57±0.053bcd
CK	0.08±0.01f	0.15±0.015f	0.23±0.032f	0.39±0.042f

表 5-4　不同水氮处理对菘蓝叶片气孔导度的影响(2019 年)

处理	气孔导度/[molH₂O/(m²·s)]			
	苗期	营养生长期	肉质根生长期	肉质根成熟期
W1N1	0.12±0.038e	0.21±0.04de	0.58±0.038ef	0.59±0.031d
W1N2	0.17±0.044cde	0.29±0.032bc	0.69±0.059cd	0.71±0.078bc
W1N3	0.14±0.031e	0.26±0.047cd	0.64±0.021de	0.63±0.06cd
W2N1	0.22±0.04abc	0.34±0.027ab	0.77±0.042bc	0.72±0.085bc
W2N2	0.28±0.015a	0.41±0.053a	0.87±0.04a	0.84±0.059a
W2N3	0.25±0.06ab	0.37±0.038a	0.53±0.04f	0.79±0.04ab
W3N1	0.16±0.02de	0.28±0.027bc	0.67±0.081cde	0.65±0.079cd
W3N2	0.23±0.029ab	0.38±0.031a	0.82±0.085ab	0.78±0.069ab
W3N3	0.21±0.027bcd	0.35±0.053ab	0.75±0.076bc	0.71±0.047bc
CK	0.13±0.01e	0.19±0.015e	0.51±0.036f	0.62±0.031cd

同一灌水水平下,气孔导度随着施氮量的增加先增加后减小,表现为 N2>N3>N1。在 W1 灌水水平下,N2 较 N3 处理气孔导度增幅为 11.5%～13.2%,N2 较 N1 处理气孔导度增幅为 24.6%～34.3%;在 W2 灌水水平下,N2 较 N3 处理气孔导度增幅为 6.3%～6.5%,N2 较 N1 处理气孔导度增幅为 17.0%～17.3%;在 W3 灌水水平下,N2 较 N3 处理气孔导度增幅为 9.2%～12.5%,N2 较 N1 处理气孔导度增幅为 25.3%～37.9%。

同一施氮水平下,气孔导度随着灌水量的增加先增加后减小,表现为 W2>W3>W1。在 N1 施氮水平下,W2 较 W3 处理气孔导度增幅为 16.8%～28.2%,W2 较 W1 处理气孔导度增幅为 27.2%～35.9%;在 N2 施氮水平下,W2 较 W3 处理气孔导度增幅为 8.8%～9.3%,W2 较 W1 处理气孔导度增幅为 29.1%～35.8%;在 N3 施氮水平下,W2 较 W3 处理气孔导度增幅为 12.1%～15.1%,W2 较 W1 处理气孔导度增幅为 35.3%～40.6%。

5.3　不同水氮处理对菘蓝叶片蒸腾速率的影响

蒸腾作用是指水分从植物体内散失到大气中的过程,其不仅受外界环境条件的影响,还受植物本身的调节和控制。反映蒸腾作用大小的指标是蒸腾速率,蒸腾速率是指植物在一定时间内单位叶面积蒸腾的水量,其单位是 $mmolH_2O/(m^2 \cdot s)$。不同水氮处理对菘蓝叶片蒸腾速率的影响(2018 年)见表 5-5,不同水氮处理对菘蓝叶片蒸腾速率的影响(2019 年)见表 5-6。由表 5-5 和表 5-6 可以看出,灌水和施氮显著影响菘蓝叶片的蒸腾速率($P<0.05$)。全生育期内,菘蓝叶片蒸腾速率为 1.12～5.92 $mmolH_2O/(m^2 \cdot s)$,蒸腾速率随着生育进程的推进表现为先增加后减小的变化趋势,最大值出现在营养生长期,此时 W2N2 较 W3N3 处理蒸腾速率增幅达 18.8%～26.3%。

表 5-5　不同水氮处理对菘蓝叶片蒸腾速率的影响(2018 年)

处理	蒸腾速率/[$mmolH_2O/(m^2 \cdot s)$]			
	苗期	营养生长期	肉质根生长期	肉质根成熟期
W1N1	1.12±0.031f	3.34±0.072h	2.41±0.021f	2.01±0.074g
W1N2	1.43±0.027d	4.12±0.076f	2.85±0.044d	2.38±0.031e
W1N3	1.29±0.067e	3.74±0.035g	2.69±0.085e	2.21±0.053f
W2N1	1.58±0.046c	4.79±0.06d	3.32±0.042c	2.81±0.053d
W2N2	1.92±0.064a	5.69±0.067a	3.97±0.047a	3.37±0.044a
W2N3	1.76±0.031b	5.23±0.072b	3.65±0.046b	3.12±0.07b
W3N1	1.35±0.045de	3.85±0.042g	2.74±0.042e	2.3±0.091ef
W3N2	1.69±0.091b	4.97±0.121c	3.59±0.099b	2.93±0.059c
W3N3	1.53±0.059c	4.36±0.046e	3.21±0.021c	2.74±0.102d
CK	0.84±0.027g	2.98±0.099i	2.1±0.035g	1.84±0.032h

表 5-6　不同水氮处理对菘蓝叶片蒸腾速率的影响(2019 年)

处理	蒸腾速率/[mmolH$_2$O/(m^2·s)]			
	苗期	营养生长期	肉质根生长期	肉质根成熟期
W1N1	1.35±0.017g	4.01±0.044h	2.64±0.074g	2.15±0.055g
W1N2	1.82±0.04d	4.85±0.057e	3.07±0.053e	2.61±0.075e
W1N3	1.56±0.045f	4.54±0.074g	2.89±0.08f	2.42±0.036f
W2N1	1.96±0.072bc	5.36±0.074c	3.57±0.072c	2.93±0.102d
W2N2	2.29±0.059a	5.92±0.096a	4.11±0.079a	3.51±0.047a
W2N3	2.21±0.042a	5.88±0.072a	3.76±0.085b	3.35±0.047b
W3N1	1.65±0.046e	4.69±0.068f	2.96±0.089ef	2.49±0.07f
W3N2	2.05±0.047b	5.72±0.091b	3.84±0.057b	3.12±0.051c
W3N3	1.92±0.079c	5.11±0.036d	3.42±0.03d	2.87±0.051d
CK	1.02±0.064h	3.62±0.056i	2.26±0.031h	1.97±0.032h

同一灌水水平下,蒸腾速率随着施氮量的增加先增加后减小,表现为 N2>N3>N1。在 W1 灌水水平下,N2 较 N3 处理蒸腾速率增幅为 8.2%~8.6%,N2 较 N1 处理蒸腾速率增幅为 21.4%~21.7%;在 W2 灌水水平下,N2 较 N3 处理蒸腾速率增幅为 4.1%~8.6%,N2 较 N1 处理蒸腾速率增幅为 14.5%~19.6%;在 W3 灌水水平下,N2 较 N3 处理蒸腾速率增幅为 10.6%~11.3%,N2 较 N1 处理蒸腾速率增幅为 28.7%~24.9%。

同一施氮水平下,蒸腾速率随着灌水量的增加先增加后减小,表现为 W2>W3>W1。在 N1 施氮水平下,W2 较 W3 处理蒸腾速率增幅为 17.2%~22.1%,W2 较 W1 处理蒸腾速率增幅为 36.2%~39.8%;在 N2 施氮水平下,W2 较 W3 处理蒸腾速率增幅为 7.5%~13.4%,W2 较 W1 处理蒸腾速率增幅为 28.2%~38.7%;在 N3 施氮水平下,W2 较 W3 处理蒸腾速率增幅为 14.1%~16.2%,W2 较 W1 处理蒸腾速率增幅为 33.2%~38.6%。

5.4　不同水氮处理对菘蓝叶片胞间 CO$_2$ 浓度的影响

胞间 CO$_2$ 浓度是内环境中的 CO$_2$ 的浓度,如果胞间 CO$_2$ 浓度小于外界 CO$_2$ 浓度,则说明细胞内的 CO$_2$ 被充分利用了,还要从外界吸收 CO$_2$,此时净光合速率>0;当胞间 CO$_2$ 浓度等于外界 CO$_2$ 浓度时,则说明刚好不吸不放,净光合速率等于 0;当胞间 CO$_2$ 浓度大于外界 CO$_2$ 浓度,则说明要释放 CO$_2$,净光合速率<0。胞间 CO$_2$ 浓度是 CO$_2$ 同化速率与气孔导度的比值,单位是 μmolCO$_2$/(m^2·s)。

不同水氮处理对菘蓝叶片胞间 CO$_2$ 浓度的影响(2018 年)见表 5-7,不同水氮处理对菘蓝叶片胞间 CO$_2$ 浓度的影响(2019 年)见表 5-8。由表 5-7 和表 5-8 可以看出,灌水和施氮显著影响菘蓝叶片胞间 CO$_2$ 浓度($P<0.05$)。全生育期内,菘蓝叶片胞间 CO$_2$ 浓度为 51.09~354.65 μmolCO$_2$/(m^2·s),随着生育进程的推进,胞间 CO$_2$ 浓度呈现为先增加

后减小的单峰变化趋势,最大值出现在肉质根生长期,此时,W2N2 较 W3N3 处理胞间 CO_2 浓度增幅达 6.4%~6.8%。

表 5-7　不同水氮处理对菘蓝叶片胞间 CO_2 浓度的影响(2018 年)

处理	胞间 CO_2 浓度/[$\mu molCO_2/(m^2 \cdot s)$]			
	苗期	营养生长期	肉质根生长期	肉质根成熟期
W1N1	111.47±1.95cd	221.69±2.11e	285.64±3.95e	215.62±4.83b
W1N2	95.67±1.18f	207.76±2.53f	261.29±2.95f	184.64±3.7e
W1N3	89.50±3.02g	192.18±2.72g	238.15±2.13h	165.56±3.48g
W2N1	127.84±1.68b	243.15±1.84c	313.77±4.15d	220.74±2.59b
W2N2	112.34±2.25c	228.69±1.42d	289.15±3.52e	196.45±1.66d
W2N3	99.69±1.97b	207.09±2.64f	251.03±4.85g	176.75±2.59f
W3N1	132.21±2.06e	282.77±2.63a	354.65±2.7a	239.46±3.98a
W3N2	126.89±2.07a	265.78±2.13b	335.72±3.73b	216.51±2.83b
W3N3	108.44±1.91d	242.18±2.15c	320.44±1.98c	208.82±5.34c
CK	92.97±1.8fg	189.67±1.32h	251.47±2.92g	185.74±3.2e

表 5-8　不同水氮处理对菘蓝叶片胞间 CO_2 浓度的影响(2019 年)

处理	胞间 CO_2 浓度/[$\mu molCO_2/(m^2 \cdot s)$]			
	苗期	营养生长期	肉质根生长期	肉质根成熟期
W1N1	77.65±1.93d	102.89±2.91b	248.66±3.83d	215.19±3.13f
W1N2	62.18±2.77f	88.3±3.49cd	222.19±4.16f	192.12±4.05g
W1N3	51.09±3.42g	82.61±3.17d	207.94±2.32g	183.37±3.49h
W2N1	93.67±2.98b	118.00±2.91a	279.62±2.53c	243.58±2.89c
W2N2	81.08±2.14d	103.69±4.06b	251.82±2.18d	221.09±2.67e
W2N3	69.94±3.11e	92.01±1.53c	229.96±3.72e	211.15±3.69f
W3N1	112.15±4.29a	122.03±4.85a	316.29±2.35a	278.44±2.47a
W3N2	98.63±2.67b	117.12±2.71a	289.64±1.56b	252.66±3.67b
W3N3	87.69±2.66c	100.09±2.44b	277.13±2.74c	237.75±2.63d
CK	55.68±2.78g	85.81±2.65d	212.45±4.15g	190.77±1.73g

在同一灌水水平下,胞间 CO_2 浓度随着施氮量的增加而减小,表现为 N1>N2>N3,在 W3 水平下,胞间 CO_2 浓度 N3 处理较 N2 处理的降幅为 6.9%~7.3%,N3 处理较 N1 处理的降幅为 12.8%~15.2%,N2 处理较 N1 处理的降幅为 6.4%~8.5%。

同一施氮水平下,胞间 CO_2 浓度随着灌水量的增加而增加,表现为 W3>W2>W1,在

N3 水平下,胞间 CO_2 浓度 W3 处理较 W2 处理的增幅为 16.5%~19.8%,W3 处理较 W1 处理的增幅为 28.4%~33.8%,W2 处理较 W1 处理的增幅为 7.2%~14.9%。

所有水氮处理中,胞间 CO_2 浓度最高的处理不是产量最大的处理(W2N2),W3N1 处理的胞间 CO_2 浓度最高,平均值为 175.67~219.97 $\mu molCO_2/(m^2 \cdot s)$,产量最大处理(W2N2)对应胞间 CO_2 浓度平均值为 164.42~206.66 $\mu molCO_2/(m^2 \cdot s)$,前者较后者增幅为 6.4%~6.8%。

5.5 不同水氮处理对菘蓝叶面积指数的影响

叶面积指数是指单位土地面积上植物叶片总面积占土地面积的倍数,其大小直接与最终产量高低密切相关。

不同水氮处理下菘蓝叶面积指数的动态变化见图 5-1。由图 5-1 可以看出,随着生育期的推进,菘蓝叶面积指数呈现先增加后减小的单峰变化曲线,在出苗 120 d 时达到最大,苗期植株矮小,叶面积指数缓慢增加;营养生长期,植株快速生长发育,叶片数、叶面积和株高快速增大,叶面积指数快速增加;肉质根生长期,株高已稳定,叶面积平稳增加,叶面积指数随之平稳增加;肉质根成熟期,气温降低,菘蓝地上部分开始萎蔫衰败,叶面积指数减小。

不同水氮处理下,菘蓝各生育期叶面积指数为 0.23~1.91,且水氮处理的叶面积指数显著高于 CK。将不同的水氮处理进行比较,在出苗后 0~30 d,叶面积指数变化差异不显著。在出苗后 60 d,不同水氮处理下的叶面积指数变化逐渐出现显著差异。

在同一灌水水平下,叶面积指数随施氮量的增加先增加后减小,表现为 N2>N3>N1,在 W1 灌水水平下,N2 处理叶面积指数较 N3 处理增幅为 4.1%~4.3%,N2 处理叶面积指数较 N1 处理增幅为 9.9%~10.4%,N3 处理叶面积指数较 N1 处理增幅为 5.5%~5.9%;在 W2 灌水水平下,N2 处理叶面积指数较 N3 处理增幅为 3.7%~3.8%,N2 处理叶面积指数较 N1 处理增幅为 8.9%~9.2%,N3 处理叶面积指数较 N1 处理增幅为 5.0%~5.3%;在 W3 灌水水平下,N2 处理叶面积指数较 N3 处理增幅为 3.1%~3.5%,N2 处理叶面积指数较 N1 处理增幅为 7.7%~7.8%,N3 处理叶面积指数较 N1 处理增幅为 4.2%~4.4%。

在同一施氮水平下,叶面积指数随灌水量的增加而增加,表现为 W3>W2>W1,在 N1 施氮量下,W3 处理叶面积指数较 W2 处理增幅为 13.5%~14.0%,W3 处理叶面积指数较 W1 处理增幅为 31.4%~33.5%,W2 处理叶面积指数较 W1 处理增幅为 15.2%~17.6%;在 N2 施氮量下,W3 处理叶面积指数较 W2 处理增幅为 12.3%~12.5%,W3 处理叶面积指数较 W1 处理增幅为 28.9%~30.1%,W2 处理叶面积指数较 W1 处理增幅为 14.5%~15.9%;在 N3 施氮量下,W3 处理叶面积指数较 W2 处理增幅为 12.9%,W3 处理叶面积指数较 W1 处理增幅为 29.7%~31.6%,W2 处理叶面积指数较 W1 处理增幅为 15.0%~16.6%。

不同灌水条件下,叶面积指数最大的处理出现在 N2 处理,对应的 W1N2、W2N2、W3N2 处理叶面积指数平均值分别为 0.96~1.01、1.10~1.17 和 1.24~1.31,因此减氮至 200 kg/hm² 时,叶面积指数最高,表现为 W1N2<W2N2<W3N2 处理。

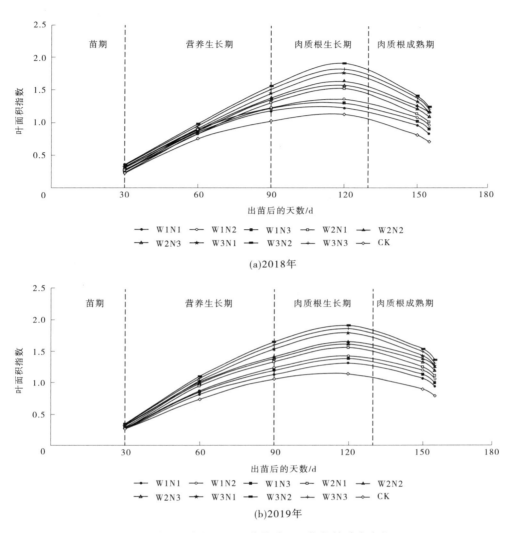

图 5-1　不同水氮处理下菘蓝叶面积指数的动态变化

5.6　本章小结

5.6.1　讨论

　　氮肥施用量对作物光合作用有重要影响,匡鹤凌等在喜树上的研究表明,肥料氮素供应不足时,喜树幼苗的光合作用能力显著下降;李强等的研究表明,苗期玉米叶片的净光合速率、气孔导度、蒸腾速率随着供氮水平的降低显著降低,而胞间 CO_2 浓度表现为显著增加的趋势。本书的研究表明,同一灌水水平下,菘蓝的净光合速率、气孔导度、蒸腾速率随着施氮量的增加而增加,胞间 CO_2 浓度随着施氮量的增加而减小。可见,施氮促进了菘蓝植株的净光合速率、蒸腾速率、气孔导度等光合相关参数的提高,这与晏枫霞等的研究结果一致。影响植物光合作用的主要因素为气孔限制和非气孔限制,叶片净光合速率、气孔导度和胞间 CO_2 浓度同时下降,说明净光合速率下降主要因为气孔因素,而叶片净光合速率、气孔导度下降,胞间 CO_2 浓度升高,说明非气孔限制是净光合速率降低的主要限制因素。本书发现,同一灌水水平下,菘蓝净光合速率、气孔导度、蒸腾速率随施氮量的增加先增加后减小,而胞间 CO_2 浓度呈降低趋势,说明菘蓝光合作用主要受非气孔因素限制,这与关佳莉等的研究结果一致。

灌水水平对植物的光合作用有较大影响。于文颖等研究发现,水分胁迫导致作物叶片净光合速率、蒸腾速率和气孔导度下降。本书中,同一施氮水平下,净光合速率、气孔导度、蒸腾速率、胞间 CO_2 浓度随着灌水量的增加先增加后减小,过量灌水不利于植株进行光合作用。灌水水平降低后,菘蓝为了适应水分亏缺,叶片气孔选择关闭或减小开度,导致气孔呼吸微弱,蒸腾速率和净光合速率下降。

肖云华等研究发现,菘蓝最大产量和最大光合效率所对应的氮肥用量不一致,并相差较多。晏枫霞等研究发现,菘蓝最大产量和最大光合效率下对应的铵态氮与硝态氮的配比不一致。本次试验研究发现,最大产量下的施氮量、灌水量不是净光合速率等光合参数最高时对应的施氮量和灌水量,可见菘蓝光合参数与产量关系并不呈正相关,具体的机制有待进一步研究。

5.6.2 结论

灌水和施氮显著影响菘蓝叶片的净光合速率($P<0.05$),随着生育进程的推进,光合指标参数、叶面积指数均呈现先增加后减小的单峰变化趋势,菘蓝叶片的净光合速率、气孔导度、蒸腾速率的变化范围分别为 8.32 ~ 16.33 $\mu molCO_2/(m^2 \cdot s)$、0.09 ~ 0.84 $molH_2O/(m^2 \cdot s)$ 和 1.12 ~ 5.92 $mmolH_2O/(m^2 \cdot s)$。

同一灌水水平下,净光合速率、气孔导度、蒸腾速率、叶面积指数均随着施氮量的增加先增加后减小,表现为 N2>N3>N1。同一施氮水平下,净光合速率、气孔导度、蒸腾速率均随着灌水量的增加先增加后减小,表现为 W2>W3>W1,叶面积指数随灌水量的增加而增加。胞间 CO_2 浓度随着施氮量的增加而减小,随着灌水量的增加而增加,W2N2 较 W3N3 处理胞间 CO_2 浓度增幅达 6.4% ~ 6.8%。

W2N2 较 W3N3 处理净光合速率、气孔导度、蒸腾速率增幅达 6.6% ~ 11.1%、19.4% ~ 22.4%、18.8% ~ 26.3%,W2N2 较 W3N3 处理叶面积指数降幅为 6.5% ~ 8.1%。因此,节水减氮有利于菘蓝进行光合作用。

第 6 章　水氮调控对土壤水分的影响

在西北干旱农业生产区,灌水和施氮是限制作物高产的关键因素。高产高效是现代农业生产追求的主要目标,合理的灌水和施肥是实现作物高产高效的重要手段。菘蓝作为当地农户大面积栽培的药用经济作物,需水量较小。但是,当地农户普遍采用大水漫灌和大量施肥的种植模式以实现高产高效,灌水量大且水分利用效率很低,特别是过量施用氮肥导致硝态氮的淋溶和积累,造成严重的环境污染,进而减弱祁连山生态保护屏障的重要作用。本次试验在前人研究的基础上,通过研究河西地区水氮配施对菘蓝耗水特性、水分利用效率和产量的影响,提出菘蓝高产高效的最佳水氮配比及需水规律等,探索当地菘蓝节水、减氮、稳产和水分高效的种植管理模式,进而降低当地农业生产中因大水漫灌和大量施肥造成的环境污染。

6.1　菘蓝全生育期气象因子的变化

外界栽培环境对作物产量有重要的影响,尤其是阳光、温度、水分等气象条件对作物产量的影响极大,气象资料能够帮助农户更好地掌握气象动态变化,从而采取有针对性的栽培管理模式加强农业生产,预防各种气象灾害,实现农民稳定增收的目标。菘蓝全生育期气候环境状况(2018—2019 年)见表 6-1。

本次试验于 2018 年和 2019 年连续两年在甘肃省张掖市民乐县益民灌溉试验站进行,菘蓝全生育期,平均气温 14.7~14.8 ℃,极端最高气温 27.4 ℃,极端最低气温 -0.6 ℃,降雨量为 126.0~253.9 mm,日照时数 1 365.5~1 414.2 h,蒸发量 1 170.0~1 192.7 mm,地表温度 18.0~18.4 ℃。

表 6-1　菘蓝全生育期气候环境状况(2018—2019 年)

年份	月份	气温/℃			降雨量/mm	日照时数/h	蒸发量/mm	地表温度/℃
		T_{max}	T_{min}	T_{mean}				
2018	5	21.6	7.2	14.3	16.3	279.3	215.6	19.4
	6	25.4	12.4	18.7	20.3	223.4	242.5	23.9
	7	27.4	13.9	19.9	28.3	238.2	262.9	23.3
	8	24.7	13.8	18.7	21.0	167.7	222.2	21.0
	9	19.2	7.0	12.1	40.1	227.8	118.4	14.7
	10	14.1	-0.6	5.3	0	277.8	108.4	7.9
	全生育期	22.1	9.0	14.8	126.0	1 414.2	1 170.0	18.4

续表 6-1

年份	月份	气温/℃			降雨量/mm	日照时数/h	蒸发量/mm	地表温度/℃
		T_{max}	T_{min}	T_{mean}				
2019	5	19.0	6.5	12.6	33.1	252.3	221.3	16.5
	6	23.9	11.4	17.4	93.1	191.9	257.1	20.8
	7	26.0	12.0	18.7	22.6	260.9	217.4	22.8
	8	26.6	12.3	18.8	15.2	245.1	198.7	23.0
	9	22.5	8.6	14.4	82.3	208.9	175.5	16.8
	10	13.7	1.9	6.4	7.6	206.4	122.7	7.9
	全生育期	21.9	8.8	14.7	253.9	1 365.5	1 192.7	18.0

注:本表数据在民乐县气象局益民灌溉试验站气象场测定。

6.1.1 菘蓝全生育期气温与地表温度的变化

作物生长发育的生长自然要素包括阳光、温度、水分、空气和养料,它们是植物的生命线。温度对植物生长发育有着很大的影响,作物在不同的生长时期和不同的发育阶段,都需要不同且合适的气温。菘蓝全生育期内日气温变化见图6-1。

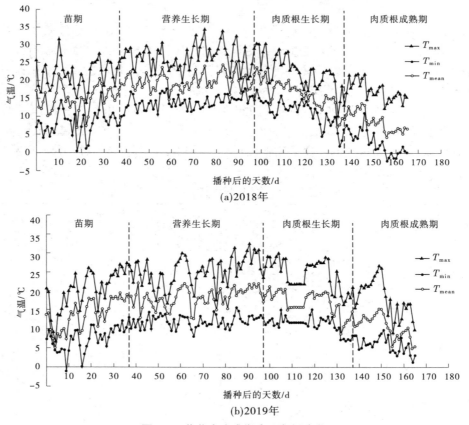

图6-1 菘蓝全生育期内日气温变化

由图 6-1 可以看出,在菘蓝全生育期内,河西地区昼夜温差较大,冷热交替非常频繁,特别是在菘蓝生产的苗期和肉质根成熟期气温变化幅度较大,因此在菘蓝田间生产中特别要注意苗期的冻害,防止因苗期和肉质根成熟期遭受低温冷害造成的减产减收。适宜作物生长温度为 22~24 ℃,当温度大于 25 ℃或出现连续高温时,同样会造成作物减产,因此菘蓝田间生产中要关注高温气象灾害,可通过灌水调控降低高温造成的减产风险。

菘蓝全生育期内日地表温度变化见图 6-2。

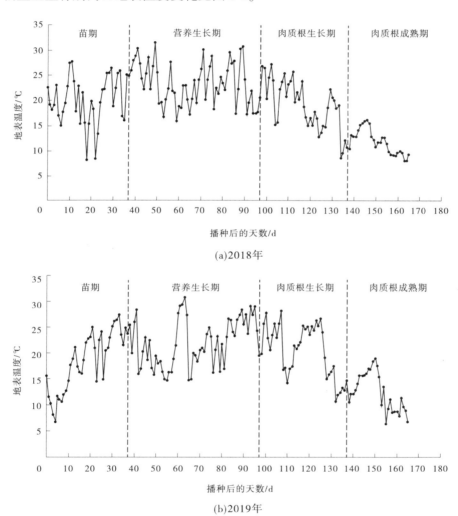

(a)2018年

(b)2019年

图 6-2　菘蓝全生育期内日地表温度变化

耕作层的地表温度对作物生长发育起控制作用,Kiniry 研究发现,在 8~34 ℃内,玉米叶片生长发育速率随着地表温度的升高而增加;超出地表温度范围后,玉米叶片生长发育速率随着地表温度的升高而下降。廖宗族研究发现,最适宜作物出苗和生长的土壤温度为 25 ℃。由图 6-2 可以看出,菘蓝营养生长期的土壤温度维持在 25 ℃ 左右,因此营养生长期的菘蓝生长发育迅速,干物质积累速度最高,肉质根生长期的土壤温度基本可以保证菘蓝地下部根的正常生长发育。鉴于苗期和肉质根成熟期土壤温度相对较低的现状,农业生产中可以通过地膜覆盖栽培来提高地表温度和保墒,可以有效提高作物产量。

6.1.2　菘蓝全生育期降雨量和蒸发量的变化

西北干旱、半干旱雨养农业区,降雨量与降雨时期决定着作物的生长发育与产量,在一定的降雨范围内,产量随着降雨量的增加而增加,降雨过多或者过少都不利于作物生长发育,导致作物减产。一般来说,苗期适当的水分亏缺有利于根系生长,肉质根成熟期适当的水分亏缺对产量影响不大,营养生长期是作物需水的高峰期。菘蓝主要的经济收获对象为地下部的板蓝根,其对水分很敏感,过多的水分不利于菘蓝的生长发育,菘蓝全生育期需水量一般在 400 mm 以内。菘蓝全生育期内降雨量分布见图 6-3。由图 6-3 可以看出,2018 年菘蓝全生育期内降雨量为 126 mm,苗期、营养生长期、肉质根生长期、肉质根成熟期降雨量依次为 16.3 mm、69.6 mm、29.7 mm、10.4 mm,各生育阶段降雨量占全生育期总降雨量的比例依次为 12.9%、55.2%、23.6%、8.3%,菘蓝生产中控制苗期和肉质根成熟期的灌水,避免过多的灌水消耗在菘蓝需水较小的生育阶段,降低水资源浪费的风险;2019 年菘蓝全生育期内降雨量为 253.9 mm,苗期、营养生长期、肉质根生长期、肉质根成熟期降雨量依次为 33.1 mm、115.7 mm、91.6 mm、13.5 mm,各生育阶段降雨量占全生育期总降雨量的比例依次为 13.0%、45.6%、36.1%、5.3%。菘蓝种植中应注意避开降雨密集时间进行灌溉,以防止降雨和灌溉水分累积叠加对菘蓝造成水涝灾害。

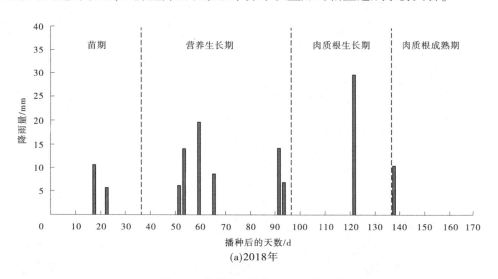

(a)2018年

图 6-3　菘蓝全生育期内降雨量分布

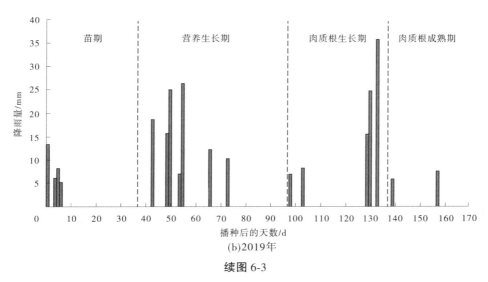

(b)2019年

续图 6-3

　　西北干旱、半干旱地区年降雨量少,可用于生产、生活的水资源有限,充足的光热资源形成了河西地区土壤蒸发量非常高的气候特点。菘蓝全生育期内蒸发量分布见图 6-4。由图 6-4 可以看出,2018 年菘蓝全生育期内蒸发量为 1 109.3 mm,苗期、营养生长期、肉质根生长期、肉质根成熟期蒸发量依次为 266.3 mm、506.2 mm、228.8 mm、108 mm,各生育阶段蒸发量占全生育期总降雨的比例依次为 24.0%、45.6%、20.6%、9.7%;2019 年菘蓝全生育期内蒸发量为 1 118.1 mm,苗期、营养生长期、肉质根生长期、肉质根成熟期蒸发量依次为 259.6 mm、463.4 mm、249.5 mm、145.6 mm,各生育阶段蒸发量占全生育期总降雨的比例依次为 23.2%、41.4%、22.3%、13.0%。菘蓝田间栽培管理中,对照不同生育期的蒸发量及占比进行合理灌溉的安排,在增产的同时还可以提高水分利用效率。

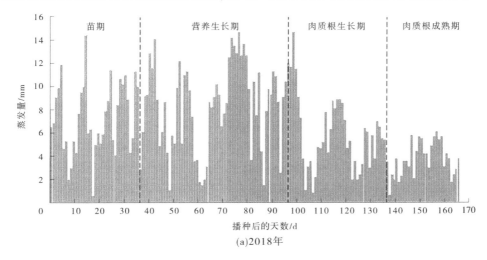

(a)2018年

图 6-4　菘蓝全生育期内蒸发量分布

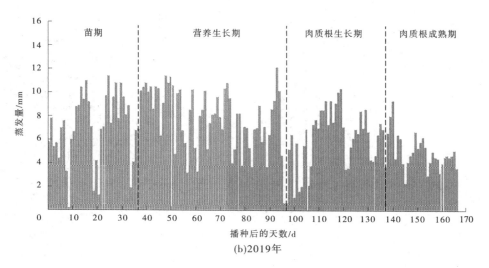

(b)2019年

续图6-4

6.1.3　菘蓝全生育期内风速和日照时数的变化

　　适宜的风速能够改善农田作物间的空气温湿度,起到降温、增湿和增产的作用。风速过大会损害作物的根系生长,轻者造成作物倒伏,重者会造成作物死亡,从而造成作物产量的下降。菘蓝全生育期内风速分布见图6-5。

　　由图6-5可知,2018年菘蓝全生育期内平均风速为1.57 m/s,苗期、营养生长期、肉质根生长期、肉质根成熟期平均风速依次为1.69 m/s、1.55 m/s、1.56 m/s、1.49 m/s,极大风速出现在营养生长期,风速高达16 m/s,此时要注意倒伏减产的风险。2019年菘蓝全生育期内平均风速为1.55 m/s,苗期、营养生长期、肉质根生长期、肉质根成熟期平均风速依次为1.80 m/s、1.54 m/s、1.40 m/s、1.47 m/s,极大风速出现在苗期,风速高达18 m/s,苗期植株小,风速过大对作物生长影响较小,此时特别要注意肉质根生长期极大风速对作物根生长的损害的风险。

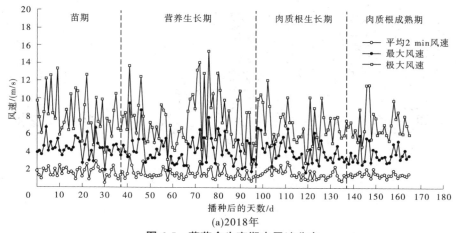

(a)2018年

图6-5　菘蓝全生育期内风速分布

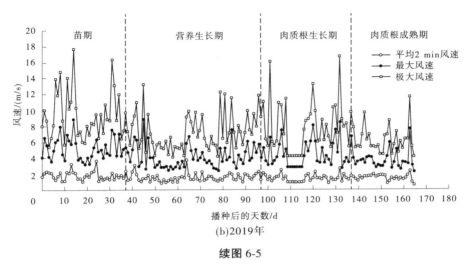

(b)2019年

续图 6-5

　　作物产量的形成是光合作用碳水化合物积累的结果,而日照是光合作用正常进行的关键因素。光照时间长,光合作用就会积累更多的物质;反之,日照时数少则不利于作物产量的提高。菘蓝全生育期内日照时数分布见图 6-6。由图 6-6 可以看出,2018 年菘蓝全生育期内日照时数为 1 255 h,苗期、营养生长期、肉质根生长期、肉质根成熟期日照时数依次为 316.2 h、404.8 h、278.3 h、255.7 h,各生育阶段日照时数占全生育期内总日照时数的比例依次为 25.2%、32.3%、22.2%、20.4%;2019 年菘蓝全生育期内日照时数为 1 255 h,苗期、营养生长期、肉质根生长期、肉质根成熟期日照时数依次为 309.1 h、441.0 h、265.7 h、200.9 h,各生育阶段日照时数占全生育期内总日照时数的比例依次为 25.4%、36.2%、21.8%、16.5%。作物要获得高产,除改善水、肥等条件外,还应注意增加作物生育期间的光温值,增光、增温的最有效途径是适时播种、适时采收。

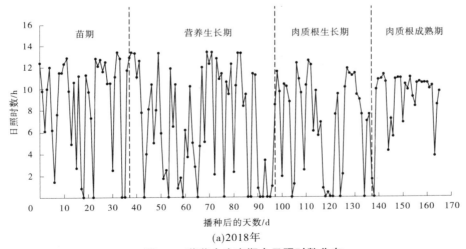

(a)2018年

图 6-6　菘蓝全生育期内日照时数分布

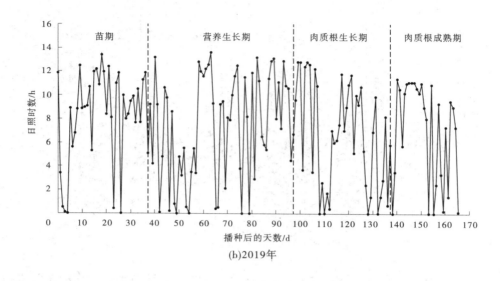

(b)2019年

续图 6-6

6.2　不同水氮处理对 0~160 cm 土层土壤贮水量的影响

不同水氮处理对 0~160 cm 土层土壤贮水量的影响见图 6-7。由图 6-7 可以看出,随着菘蓝生育期的推进,不同水氮处理对 0~160 cm 土层土壤贮水量呈锯齿状降低趋势,菘蓝的生长发育是一个消耗土壤贮水的过程。外界环境降水量、灌水量越多,锯齿状越剧烈,0~160 cm 土层土壤贮水量变化越大。

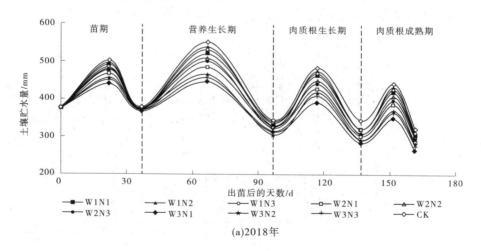

(a)2018年

图 6-7　不同水氮处理对 0~160 cm 土层土壤贮水量的影响

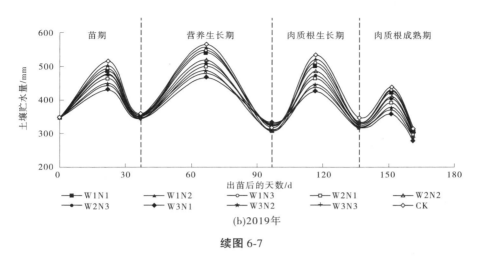

续图 6-7

　　灌水和施氮显著影响 0~160 cm 土层土壤贮水量,增加灌水量,0~160 cm 土层土壤贮水量随之递减,表现为低水(W1)>中水(W2)>高水(W3)处理,即增加灌水增加了菘蓝对土壤贮水的消耗,产生高灌水对应低贮水量的变化规律;增加施氮量,0~160 cm 土层土壤贮水量先增加后减小,表现为中氮(N2)>高氮(N3)>低氮(N1)处理,当施氮量在 0~200 kg/hm² 内,增施氮肥,0~160 cm 土层土壤贮水量增加,0~160 cm 土层土壤贮水消耗量减少。由此可见,适当增施氮肥可以减小土壤贮水消耗量,水氮之间存在明显的正交互作用;当施氮量超过 200 kg/hm² 时,增施氮肥,0~160 cm 土层土壤贮水量减小,0~160 cm 土层土壤贮水消耗量增加,过量施氮可以增加土壤贮水消耗量,水氮之间存在明显的负交互作用。

6.3　不同水氮处理对菘蓝总耗水量和不同来源水分占比的影响

　　作物耗水来源由降水、灌水和土壤贮水变化量 3 部分组成,作物耗水去向为作物自身吸收和以蒸散方式消耗的水分两种方式,蒸散包括土壤蒸发和作物蒸腾,本次试验的试验田为全膜覆盖种植模式,以土壤蒸发方式散失到空气中的水分很少,可以忽略。

6.3.1　不同水氮处理对菘蓝总耗水量的影响

　　不同水氮处理对菘蓝总耗水量的影响见图 6-8。由图 6-8 可以看出,灌水和施氮对菘蓝生育期总耗水量有显著影响。同一灌水水平下,菘蓝总耗水量随着施氮量的增加先减小后增加,表现为 N1>N3>N2,且不同处理间的差异显著($P<0.05$);低灌水(W1)水平下,N2 较 N3 处理总耗水量降幅为 0.8%~1.1%,N2 较 N1 处理总耗水量降幅为 2.0%~2.8%;中灌水(W2)水平下,N2 较 N3 处理总耗水量降幅为 1.1%~1.5%,N2 较 N1 处理总耗水量降幅为 2.6%~3.7%;高灌水(W3)水平下,N2 较 N3 处理总耗水量降幅为 1.3%~2.2%,N2 较 N1 处理总耗水量降幅为 3.1%~4.9%。

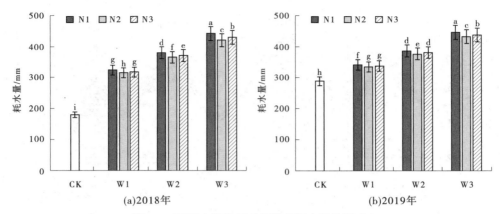

图 6-8　不同水氮处理对菘蓝总耗水量的影响

同一施氮水平下,总耗水量随着灌水量的增加而增加,表现为 W3>W2>W1,且不同处理间的差异显著($P<0.05$),低氮(N1)水平下,W3 较 W2 处理总耗水量增幅为 15.3%~16.2%,W2 较 W1 处理总耗水量增幅为 13.3%~17.6%;中氮(N2)水平下,W3 较 W2 处理总耗水量增幅为 14.7%~14.8%,W2 较 W1 处理总耗水量增幅为 12.5%~16.4%;高氮(N3)水平下,W3 较 W2 处理总耗水量增幅为 15.0%~15.7%,W2 较 W1 处理总耗水量增幅为 12.9%~16.9%。

高水低氮(W3N1)处理总耗水量最高,为 442.2~442.8 mm;低水中氮(W1N2)处理总耗水量最低,为 314.7~333.4 mm;中水中氮(W2N2)较高水高氮(W3N3)总耗水量降幅达 13.7%~14.8%,节水减氮显著降低了菘蓝的总耗水量。

6.3.2　不同水氮处理对 0~160 cm 土层土壤总耗水来源及其占比的影响

不同水氮处理对 0~160 cm 土层土壤总耗水来源及其占比的影响(2018 年)见表 6-2,不同水氮处理对 0~160 cm 土层土壤总耗水来源及其占比的影响(2019 年)见表 6-3。由表 6-2 和表 6-3 可以看出,灌水和施氮对 0~160 cm 土层土壤贮水消耗量有显著影响,同一灌水水平下,0~160 cm 土层土壤贮水消耗量随着施氮量的增加先减小后增加,表现为 N1>N3>N2,且不同处理间的差异显著($P<0.05$),低灌水(W1)水平下,N2 较 N3 处理总耗水量降幅为 5.1%~6.2%,N2 较 N1 处理总耗水量降幅为 12.3%~14.5%;中灌水(W2)水平下,N2 较 N3 处理总耗水量降幅为 6.7%~8.2%,N2 较 N1 处理总耗水量降幅为 15.8%~18.1%;高灌水(W3)水平下,N2 较 N3 处理总耗水量降幅为 9.2%~9.5%,N2 较 N1 处理总耗水量降幅为 19.3%~19.7%。

表 6-2　不同水氮处理对 0~160 cm 土层土壤总耗水来源及其占比的影响(2018 年)

处理	总耗水量/mm	灌水消耗		降水消耗		土壤贮水消耗	
		数量/mm	占比/%	数量/mm	占比/%	数量/mm	占比/%
W1N1	323.6±2.05g	125.0	38.6	126.0	38.9	72.6±2.05f	22.4
W1N2	314.7±0.78h	125.0	39.7	126.0	40.0	63.7±0.78g	20.2

续表 6-2

处理	总耗水量/mm	灌水消耗		降水消耗		土壤贮水消耗	
		数量/mm	占比/%	数量/mm	占比/%	数量/mm	占比/%
W1N3	318.1±2.18g	125.0	39.3	126.0	39.6	67.1±2.18f	21.1
W2N1	380.5±1.61d	165.0	43.4	126.0	33.1	89.5±1.61c	23.5
W2N2	366.4±3.02f	165.0	45.0	126.0	34.4	75.4±3.02e	20.6
W2N3	371.8±3.52e	165.0	44.4	126.0	33.9	80.8±3.52d	21.7
W3N1	442.2±2.73a	205.0	46.4	126.0	28.5	111.2±1.50a	25.1
W3N2	420.7±2.67c	205.0	48.7	126.0	30.0	89.7±2.67c	21.3
W3N3	430.1±1.07b	205.0	47.7	126.0	29.3	99.1±1.07b	23.0
CK	179.2±1.67i	0	0	126.0	70.3	53.2±1.67h	29.7

表 6-3　不同水氮处理对 0~160 cm 土层土壤总耗水来源及其占比的影响(2019 年)

处理	总耗水量/mm	灌水消耗		降水消耗		土壤贮水消耗	
		数量/mm	占比/%	数量/mm	占比/%	数量/mm	占比/%
W1N1	340.1±2.05g	40.0	11.8	253.9	74.7	46.2±1.57e	13.6
W1N2	333.4±0.78h	40.0	12.0	253.9	76.2	39.5±2.2f	11.8
W1N3	336.0±2.18g	40.0	11.9	253.9	75.6	42.1±0.8f	12.5
W2N1	385.3±1.61d	75.0	19.5	253.9	65.9	56.4±1.6d	14.6
W2N2	375.1±3.02f	75.0	20.0	253.9	67.7	46.2±1.72f	12.3
W2N3	379.2±3.52e	75.0	19.8	253.9	67.0	50.3±2.96d	13.3
W3N1	444.1±2.73a	120.0	27.0	253.9	57.2	70.2±1.50a	15.8
W3N2	430.3±2.67c	120.0	27.9	253.9	59.0	56.4±1.45c	13.1
W3N3	436.0±1.07b	120.0	27.5	253.9	58.2	62.1±1.72b	14.2
CK	287.3±1.67i	0	0	253.9	88.4	33.4±1.57g	11.6

同一施氮水平下,0~160 cm 土层土壤贮水消耗量随着灌水量的增加而增加,表现为 W3>W2>W1,且不同处理间的差异显著($P<0.05$)。低氮(N1)水平下,W3 较 W2 处理总耗水量增幅为 24.2%~24.5%,W2 较 W1 处理总耗水量增幅为 22.1%~23.3%;中氮(N2)水平下,W3 较 W2 处理总耗水量增幅为 19.0%~22.1%,W2 较 W1 处理总耗水量增幅为 17.0%~18.4%;高氮(N3)水平下,W3 较 W2 处理总耗水量增幅为 22.6%~23.5%,W2 较 W1 处理总耗水量增幅为 19.5%~20.4%。

高水低氮(W3N1)处理 0~160 cm 土层土壤贮水消耗量,值为 68.9~111.2 mm;低水中氮(W1N2)处理土壤贮水消耗量最低,值为 39.5~63.7 mm;中水中氮(W2N2)较高水高氮(W3N3)0~160 cm 土层土壤贮水消耗量降幅达 23.9%~25.6%,节水减氮显著降低了播种前至收获时 0~160 cm 土层土壤贮水消耗量。

增加灌水量,灌溉水和土壤贮水消耗量在菘蓝总耗水量中的占比升高;增加施氮量,灌溉水在菘蓝总耗水量中的占比先升高后降低,土壤贮水消耗量在菘蓝总耗水量中的占比先降低后升高,灌水和施氮间存在明显的交互效应。

6.4　不同水氮处理对菘蓝耗水特性的影响

不同水氮处理下菘蓝各生育期的耗水特性(2018 年)见表 6-4,不同水氮处理下菘蓝各生育期的耗水特性(2019 年)见表 6-5。由表 6-4 和表 6-5 可以看出,灌水和施氮对菘蓝各生育期阶段耗水量(CA)、耗水强度(CD)和耗水模系数(CP)均有显著影响,随着菘蓝生育进程的推进,菘蓝各生育期阶段耗水量(CA)、耗水强度(CD)和耗水模系数(CP)均表现为低、高、低、再低的变化趋势。从对照组来看:苗期,作物植株较小,菘蓝阶段耗水量和耗水强度较小,阶段耗水模系数为 6.2%~9.1%;营养生长期,随着植株快速生长的需要,菘蓝阶段耗水量和耗水强度随之增大,阶段耗水模系数为 51.4%~60.5%;肉质根生长期,菘蓝生长转入地下部分,生长放缓,菘蓝阶段耗水量和耗水强度随之降低,阶段耗水模系数为 19.2%~24.7%;肉质根成熟期,作物明显衰老,菘蓝阶段耗水量和耗水强度随之快速降低,阶段耗水模系数为 11.1%~15.5%。

表 6-4　不同水氮处理下菘蓝各生育期的耗水特性(2018 年)

处理	苗期			营养生长期			肉质根生长期			肉质根成熟期		
	CA/ mm	CD/ (mm/d)	CP/ %	CA/ mm	CD/ (mm/d)	CP/ %	CA/ mm	CD/ (mm/d)	CP/ %	CA/ mm	CD/ (mm/d)	CP/ %
W1N1	24.8	0.7	7.7	175.3	2.9	54.2	78.7	2.0	24.3	44.9	1.8	13.9
W1N2	21.6	0.6	6.9	190.3	3.2	60.5	67.8	1.7	21.5	35.0	1.4	11.1
W1N3	23.0	0.6	7.2	181.2	3.0	57.0	74.3	1.9	23.4	39.5	1.6	12.4
W2N1	29.5	0.8	7.8	211.0	3.5	55.5	89.7	2.2	23.6	50.3	2.0	13.2
W2N2	23.4	0.6	6.4	219.7	3.7	59.9	80.2	2.0	21.9	43.1	1.7	11.8
W2N3	27.0	0.7	7.3	210.3	3.5	56.6	86.8	2.2	23.3	47.8	1.9	12.8
W3N1	36.0	1.0	8.1	237.0	3.9	53.6	107.3	2.7	24.3	62.0	2.5	14.0
W3N2	26.1	0.7	6.2	253.3	4.2	60.2	91.2	2.3	21.7	50.1	2.0	11.9
W3N3	32.6	0.9	7.6	237.4	4.0	55.2	102.7	2.6	23.9	57.4	2.3	13.4
CK	12.9	0.3	7.2	103.8	1.7	57.9	40.4	1.0	22.5	22.2	0.9	12.4

表 6-5　不同水氮处理下菘蓝各生育期的耗水特性(2019 年)

处理	苗期			营养生长期			肉质根生长期			肉质根成熟期		
	CA/mm	CD/(mm/d)	CP/%	CA/mm	CD/(mm/d)	CP/%	CA/mm	CD/(mm/d)	CP/%	CA/mm	CD/(mm/d)	CP/%
W1N1	29.9	0.8	8.8	177.0	3.0	52.1	83.9	2.1	24.7	49.2	2.0	14.5
W1N2	25.3	0.7	7.6	198.0	3.3	59.4	67.0	1.7	20.1	43.0	1.7	12.9
W1N3	27.5	0.7	8.2	183.7	3.1	54.7	77.3	1.9	23.0	47.5	1.9	14.1
W2N1	35.1	0.9	9.1	198.0	3.3	51.4	93.6	2.3	24.3	58.7	2.3	15.2
W2N2	27.8	0.8	7.4	225.9	3.8	60.2	71.9	1.8	19.2	49.5	2.0	13.2
W2N3	32.0	0.9	8.4	204.4	3.4	53.9	86.2	2.2	22.7	56.7	2.3	14.9
W3N1	38.1	1.0	8.6	231.4	3.9	52.1	105.8	2.6	23.8	68.8	2.8	15.5
W3N2	32.0	0.9	7.4	257.7	4.3	59.9	83.7	2.1	19.4	56.9	2.3	13.2
W3N3	35.5	1.0	8.1	237.5	4.0	54.5	96.8	2.4	22.2	66.3	2.7	15.2
CK	22.4	0.6	7.8	163.3	2.7	56.8	61.6	1.5	21.4	40.1	1.6	14.0

　　同一灌水水平下,菘蓝各生育期耗水量、耗水强度和耗水模系数随着施氮量的增加先减小后增加,表现为 N1>N3>N2。苗期 W2 水平下,N2 较 N3 阶段耗水量、耗水强度和耗水模系数的降幅依次为 13.0%~13.3%、12.8%~13.5%、0.3%~12.1%;营养生长期 W2 水平下,N2 较 N3 阶段耗水量、耗水强度和耗水模系数的增幅依次为 4.1%~14.0%、3.8%~14.5%、1.4%~4.1%;肉质根生长期 W2 水平下,N2 较 N3 阶段耗水量、耗水强度和耗水模系数的降幅依次为 7.3%~10.5%、6.8%~11.5%、14.2%~15.1%;肉质根成熟期 W2 水平下,N2 较 N3 阶段耗水量、耗水强度和耗水模系数的降幅依次为 14.2%~15.1%、12.8%~13.5%、2.3%~10.9%。

　　同一施氮水平下,菘蓝各生育期耗水量、耗水强度和耗水模系数随着灌水量的增加而增加,表现为 W3>W2>W1。苗期 N2 水平下,W2 较 W3 阶段耗水量、耗水强度和耗水模系数的降幅依次为 10.5%~13.1%、12.8%~13.5%、0.3%~2.8%;营养生长期 N2 水平下,W2 较 W3 阶段耗水量、耗水强度和耗水模系数的降幅依次为 14.0%~15.4%、12.6%~13.1%、0.9%~1.4%;肉质根生长期 N2 水平下,W2 较 W3 阶段耗水量、耗水强度和耗水模系数的降幅依次为 14.0%~15.4%、12.6%~13.1%、1.7%~4.6%;肉质根成熟期 N2 水平下,W2 较 W3 阶段耗水量、耗水强度和耗水模系数的降幅依次为 15.1%~23.2%、12.6%~21.1%、2.3%~5.8%。

6.5　本章小结

6.5.1　讨论

本书发现灌水和施氮显著影响着土壤贮水、菘蓝耗水特性和土壤水平衡。同一施氮水平下,菘蓝总耗水量与灌水消耗量随着灌水量的增加而增加,降水消耗量和 0～160 cm 土层土壤贮水消耗量反而减小,这与马兴华等在小麦上的研究结果基本一致。同样表明,同一施氮水平下,增加灌水量并不利于菘蓝对自然降水和土壤贮水的利用,在一定程度的干旱和适量灌水条件下,施氮会促进菘蓝对 0～160 cm 土层土壤贮水的利用,降低对灌水及天然降水的依赖。同一灌水水平下,菘蓝耗水量和土壤贮水消耗量均随施氮量的增加先增加后减小。

邱新强研究表明,不同程度的水分胁迫使夏玉米各生育期的阶段耗水量和耗水强度较 CK 均普遍降低,其中轻旱处理降幅最小,重旱处理降幅最大。张步翀研究发现,在河西春小麦生长旺盛期的抽穗-灌浆阶段,耗水强度达到最大,此阶段也是水分敏感期。本书也发现菘蓝的需水规律为苗期最小、营养生长期和肉质根生长期最大、肉质根成熟期居中。

6.5.2　结论

随着菘蓝生育进程的推进,0～160 cm 土层土壤贮水量呈锯齿状降低趋势,可知菘蓝生长发育是一个消耗土壤贮水的过程,降水量、灌水量越大,锯齿状越剧烈。增加灌水量,0～160 cm 土层土壤贮水量递减;适当增施氮肥可以减小土壤贮水消耗量,过量施氮增加了土壤贮水消耗量,灌水和施氮间存在明显的交互效应。

同一施氮水平下,增加灌水量,菘蓝总耗水量增加,灌溉水和土壤贮水消耗量在菘蓝总耗水量中的占比升高;同一灌水水平下,增加施氮量,菘蓝总耗水量先减小后增加,灌溉水在菘蓝总耗水量中的占比先升高后降低,土壤贮水消耗量在菘蓝总耗水量中的占比先降低后升高,灌水和施氮间存在明显的交互效应。高水低氮(W3N1)处理总耗水量最高,为 442.2～442.8 mm;低水中氮(W1N2)处理总耗水量最低;中水中氮(W2N2)较高水高氮(W3N3)总耗水量降幅达 13.7%～14.8%。

随着菘蓝生育进程的推进,菘蓝各生育期阶段耗水量、耗水强度和耗水模系数表现为低、高、低、再低的变化趋势。从对照组看,苗期、营养生长期、肉质根生长期和肉质根成熟期的耗水模系数依次为 6.2%～9.1%、51.4%～60.5%、19.2%～24.7%、11.1%～15.5%。同一灌水水平下,菘蓝各生育期耗水量、耗水强度和耗水模系数随着施氮量的增加先减小后增加,表现为 N1>N3>N2;同一施氮水平下,菘蓝各生育期耗水量、耗水强度和耗水模系数随着灌水量的增加而增加,表现为 W3>W2>W1。过量灌水和过量施氮均会增加菘蓝生育期总耗水量,浪费水资源的同时降低了水分利用效率;节水减氮有利于适当降低总耗水量,产生灌水和施氮对产量的正交互效应。

第7章 水氮调控对土壤氮素养分的影响

灌水和施氮是作物增产的关键技术,然而,我国农业生产中突出的现实问题是水资源的匮乏和肥料利用率低下,主要农作物的平均氮肥利用率为 28%~41%,远低于世界的平均氮肥利用率 40%~60%。河西地区菘蓝种植推荐施氮量为 225~273 kg/hm²,而当地实际种植中普遍存在过量施氮和大水漫灌现象,目前农户常规施氮量普遍为 250~300 kg/hm²。氮肥的过量施用不仅对作物增产无益,还会造成氮肥利用率降低,生产成本增高。未被作物吸收利用的肥料氮素损失途径包括以氨挥发、硝化和反硝化作用等气态形式损失部分和以土壤残留形式损失的部分。水分作为土壤养分的溶剂和有效载体,过量灌水不仅会降低氮肥利用效率,还会增加土壤氮素积累和淋溶,加剧土壤环境污染风险。Bhogal 等的研究表明,施用的肥料氮素一部分以无机态氮形态残留在土壤中;JU 等研究发现,施氮量较低时,肥料氮素主要以有机氮形态残留在土壤中,施氮量高时,肥料氮素主要以 NO_3^--N 形态残留在土壤中;巨晓棠等通过多年试验表明,肥料氮素在土壤中的残留率高达 21%~45%。肥料氮素在土壤中的残留可以提高土壤的氮素有效性,可以补充下季作物吸收利用的土壤氮库,但同时以无机态氮残留的肥料氮素在土壤中的积累会加剧氮素淋失的潜在风险。在现实的农业生产过程中,大水漫灌和过量施氮不仅增加了农业灌水和施肥的生产投入、降低了水和氮的利用效率,还会引起土壤剖面中硝态氮和铵态氮的大量积累和淋失,进而对地表及地下水环境造成污染,灌水和施氮是影响土壤氮素有效性及其损失的重要因素。优化菘蓝田间水氮管理水平,减少水资源浪费,提高氮素利用率,走节水减氮、增产提质的发展道路是现代农业生产的必然选择。因此,在自然水资源严重紧缺的河西地区农业生产区,针对当地菘蓝生产中氮肥投入过量、大水漫灌的实际问题,探究节水减氮对菘蓝产量、土壤氮素利用及硝态氮淋失的影响,以期为菘蓝节水减氮、环保增效的生产提供理论依据。

7.1 不同水氮处理对 0~160 cm 土层土壤无机氮含量的影响

7.1.1 不同水氮处理对 0~160 cm 土层土壤铵态氮含量的影响

不同水氮处理对 0~160 cm 土层土壤铵态氮含量的影响见图 7-1。由图 7-1 可以看出,水氮处理显著影响着土壤铵态氮含量,在 0~160 cm 土层内,收获时土壤铵态氮含量随着土层深度增加呈降低-升高-降低的"S"形变化趋势,在 0~60 cm 土层,土壤铵态氮含量随着土层深度增加呈降低趋势,低水高氮(W1N3)处理土壤铵态氮含量最大,值为 5.03~5.23 mg/kg,高水低氮(W3N1)处理土壤铵态氮含量最小,值为 0.96~1.01 mg/kg;在 60~80 cm 土层,土壤铵态氮含量随着土层深度增加呈升高趋势,低水高氮(W1N3)处理土壤铵态氮含量最大,值为 2.35~2.58 mg/kg,高水低氮(W3N1)处理土壤铵态氮含量最小,值为 0.98~1.09 mg/kg;在 80~160 cm 土层,土壤铵态氮含量随着土层深度增加呈降低趋势,低水高氮(W1N3)处理土壤铵态氮含量最大,值为 1.82~2.01 mg/kg,高水低氮(W3N1)处理土壤铵态氮含量最小,值为 0.09~0.11 mg/kg。由此可见,80 cm 土层以下土壤铵态氮含量很小。

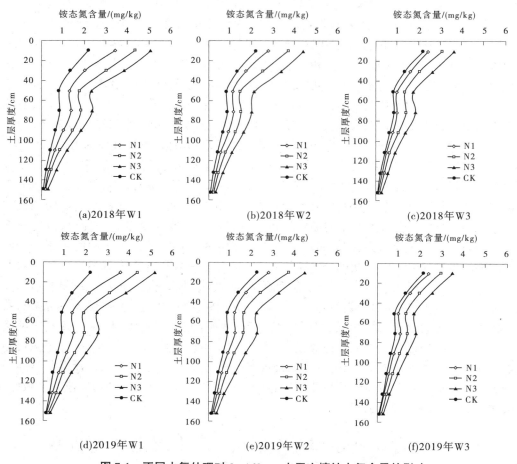

图 7-1　不同水氮处理对 0~160 cm 土层土壤铵态氮含量的影响

　　同一灌水水平下,土壤铵态氮含量随着施氮量的增加而增加,表现为 N3>N2>N1;同一施氮水平下,土壤铵态氮含量随着灌水量的增加而降低,表现为 W1>W2>W3;而且水氮处理的土壤铵态氮含量均高于 CK。在 0~160 cm 土层内,低水高氮(W1N3)处理土壤铵态氮含量最大,值为 2.19~2.33 mg/kg;高水低氮(W3N1)处理土壤铵态氮含量最小,值为 0.94~1.00 mg/kg;中水中氮(W2N2)较高水高氮(W3N3)土壤铵态氮含量降幅为 8.4%~9.2%。

7.1.2　不同水氮处理对 0~160 cm 土层土壤硝态氮含量的影响

　　不同水氮处理对 0~160 cm 土层土壤硝态氮含量的影响见图 7-2。由图 7-2 可以看出,不同水氮处理显著影响着土壤硝态氮含量,在 0～160 cm 土层内,收获时土壤硝态氮含量随着土层深度的增加呈降低－升高－降低的"S"形变化趋势。0～60 cm 土层土壤硝态氮含量随着土层深度增加呈降低趋势。W1 和 W2 水平下,60～100 cm 土层土壤硝态氮含量随着土层深度增加呈升高趋势;W3 水平下,60～120 cm 土层土壤硝态氮含量随着土层深度增加呈升高趋势,说明过量灌水导致土壤硝态氮淋失线由 100 cm 下移至 120 cm 土层。120～160 cm 土层土壤硝态氮含量随着土层深度增加呈降低趋势。

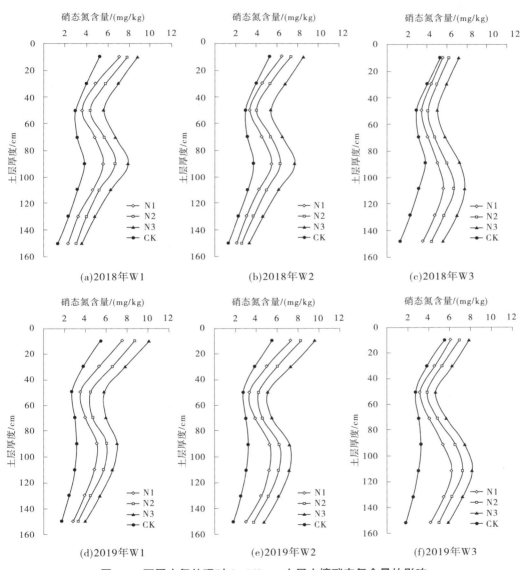

图 7-2　不同水氮处理对 0～160 cm 土层土壤硝态氮含量的影响

同一灌水水平下,土壤硝态氮含量随着施氮量的增加而增加,表现为 N3>N2>N1;同一施氮水平下,土壤硝态氮含量随着灌水量的增加而降低,表现为 W1>W2>W3,不同水氮处理的土壤硝态氮含量均高于 CK。W3 水平下,0~60 cm 土层土壤硝态氮含量降低,60~120 cm 土层土壤硝态氮含量升高,120~160 cm 土层土壤硝态氮含量再降低,说明过量灌水导致土壤硝态氮淋失线由 100 cm 下移至 120 cm 土层。

在 0~160 cm 土层内,土壤硝态氮含量最大值为 6.48~6.64 mg/kg,对应 2018 年的高水高氮(W3N3)和 2019 年的低水高氮(W1N3)处理;土壤硝态氮含量最小值为 4.27~4.68 mg/kg,对应 2018 年的中水低氮(W2N1)和 2019 年的低水低氮(W1N1)处理,中水中氮(W2N2)较高水高氮(W3N3)土壤硝态氮含量降幅为 16.6%~22.9%。

7.2　不同水氮处理对 0~160 cm 土层土壤无机氮积累量的影响

7.2.1　不同水氮处理对 0~160 cm 土层土壤铵态氮积累量的影响

不同水氮处理对 0~160 cm 土层土壤铵态氮积累量的影响(2018 年)见表 7-1,不同水氮处理对 0~160 cm 土层土壤铵态氮积累量的影响(2019 年)见表 7-2。由表 7-1 和表 7-2 可以看出,不同水氮处理显著影响着土壤铵态氮积累量,在 0~160 cm 土层内,低水高氮(W1N3)处理土壤铵态氮积累量最大,值为 49.96~53.30 kg/hm²,高水低氮(W3N1)处理土壤铵态氮积累量最小,值为 21.41~22.74 kg/hm²,中水中氮(W2N2)较高水高氮(W3N3)土壤铵态氮积累量降幅为 8.9%~9.7%。

表 7-1　不同水氮处理对 0~160 cm 土层土壤铵态氮积累量的影响(2018 年)　单位:kg/hm²

处理	土层/cm								合计
	0~20	20~40	40~60	60~80	80~100	100~120	120~140	140~160	
W1N1	8.77	5.58	3.95	4.13	3.09	1.87	0.98	0.46	28.83
W1N2	11.15	8.22	5.36	5.54	4.38	2.57	1.41	0.55	39.18
W1N3	12.98	10.63	7.07	7.19	5.57	3.55	2.08	0.89	49.96
W2N1	6.99	4.69	3.40	3.46	2.78	1.62	0.95	0.43	24.32
W2N2	9.42	6.82	4.44	4.53	3.73	2.39	1.35	0.67	33.35
W2N3	11.25	9.22	6.46	6.06	4.96	3.27	1.96	0.98	44.16
W3N1	6.17	4.36	2.94	3.00	2.33	1.47	0.86	0.28	21.41
W3N2	7.84	5.55	4.07	4.22	3.15	1.96	1.19	0.52	28.50
W3N3	9.26	7.20	5.26	5.57	4.13	2.69	1.68	0.80	36.59
CK	5.60	3.67	2.48	2.60	1.96	1.25	0.64	0.28	18.48

表 7-2　不同水氮处理对 0~160 cm 土层土壤铵态氮积累量的影响(2019 年)

单位:kg/hm²

处理	土层/cm								合计
	0~20	20~40	40~60	60~80	80~100	100~120	120~140	140~160	
W1N1	9.37	5.88	4.13	4.31	3.30	2.17	1.35	0.52	31.03
W1N2	11.38	8.53	5.78	5.88	4.44	2.85	1.81	0.70	41.37
W1N3	13.49	10.68	7.68	7.89	6.15	4.01	2.39	1.01	53.30
W2N1	6.99	4.69	3.58	3.70	2.69	1.81	1.19	0.52	25.17
W2N2	9.42	6.54	4.93	4.87	3.58	2.54	1.59	0.73	34.20
W2N3	11.25	8.80	6.61	6.70	5.14	3.70	2.20	1.19	45.59
W3N1	6.35	4.36	3.09	3.34	2.48	1.77	1.01	0.34	22.74
W3N2	7.84	5.55	4.22	4.38	3.27	2.30	1.41	0.58	29.55
W3N3	9.26	7.20	5.48	5.63	4.44	3.09	1.87	0.89	37.86
CK	5.70	3.75	2.60	2.63	2.05	1.38	0.86	0.34	19.31

同一灌水水平下,土壤铵态氮积累量随着施氮量的增加而增加,表现为 N3>N2>N1;同一施氮水平下,土壤铵态氮积累量随着灌水量的增加而减小,表现为 W1>W2>W3;而且不同水氮处理的土壤铵态氮积累量均高于 CK。不同水氮处理铵态氮积累量 60~80 cm 土层显著高于 40~60 cm 土层,原因可能是受试验灌水深度的影响,本试验计划灌溉湿润层为 60 cm,土壤铵态氮积累量出现以 60 cm 土层为分界线、铵态氮积累量分界线以下明显高于分界线以上的现象。

7.2.2　不同水氮处理对 0~160 cm 土层土壤硝态氮积累量的影响

不同水氮处理对 0~160 cm 土层土壤硝态氮积累量的影响(2018 年)见表 7-3,不同水氮处理对 0~160 cm 土层土壤硝态氮积累量的影响(2019 年)见表 7-4。由表 7-3 和表 7-4 可以看出,不同水氮处理显著影响着土壤硝态氮积累量,在 0~160 cm 土层内,高水高氮(W3N3)处理土壤硝态氮积累量最大,值为 153.46~156.52 kg/hm²;中水低氮(W2N1)处理土壤硝态氮积累量最小,值为 100.06~109.23 kg/hm²;中水中氮(W2N2)较高水高氮(W3N3)土壤硝态氮积累量降幅为 17.3%~23.6%。

表 7-3　不同水氮处理对 0~160 cm 土层土壤硝态氮积累量的影响(2018 年)

单位:kg/hm²

处理	土层/cm								合计
	0~20	20~40	40~60	60~80	80~100	100~120	120~140	140~160	
W1N1	18.37	13.44	11.08	14.81	17.17	14.23	9.91	7.07	106.80
W1N2	20.30	16.12	13.31	17.50	20.69	16.10	12.30	9.33	125.65
W1N3	22.86	19.40	17.38	20.75	24.36	19.31	14.87	11.08	150.01
W2N1	16.67	12.61	10.37	14.14	16.95	13.25	9.58	6.49	100.06

续表 7-3

处理	土层/cm								合计
	0~20	20~40	40~60	60~80	80~100	100~120	120~140	140~160	
W2N2	19.04	14.88	12.33	16.68	19.37	15.33	11.57	7.99	117.19
W2N3	22.21	18.96	16.59	20.10	23.75	18.94	14.29	10.13	144.97
W3N1	14.34	12.23	10.62	12.48	15.54	17.32	14.72	11.02	108.27
W3N2	15.97	13.69	12.48	14.57	18.42	20.59	17.47	13.65	126.84
W3N3	18.63	16.50	15.42	17.93	22.28	23.90	21.54	17.26	153.46
CK	13.70	11.10	9.12	9.67	11.60	9.70	7.10	4.04	76.03

表 7-4　不同水氮处理对 0~160 cm 土层土壤硝态氮积累量的影响(2019 年)

单位:kg/hm²

处理	土层/cm								合计
	0~20	20~40	40~60	60~80	80~100	100~120	120~140	140~160	
W1N1	19.66	14.82	10.95	12.36	15.67	14.93	12.06	8.72	109.17
W1N2	22.60	18.30	13.89	14.54	18.60	17.60	13.80	10.28	129.61
W1N3	26.21	21.83	17.84	18.42	21.57	20.41	16.59	12.36	155.23
W2N1	18.78	13.74	10.16	11.81	16.16	15.85	13.49	9.24	109.23
W2N2	21.23	16.59	12.88	14.11	18.88	18.64	15.67	11.44	129.44
W2N3	24.72	19.95	15.45	16.71	21.85	21.76	18.60	14.47	153.51
W3N1	15.84	12.50	9.64	12.39	16.40	18.85	16.65	12.85	115.12
W3N2	17.96	14.66	11.75	14.66	19.92	22.15	19.03	15.21	135.34
W3N3	20.20	17.19	14.14	17.32	22.74	24.94	22.06	17.93	156.52
CK	14.11	10.57	8.29	9.24	9.82	9.12	7.47	5.42	74.04

同一灌水水平下,土壤硝态氮积累量随着施氮量的增加而增加,表现为 N3>N2>N1;同一施氮水平下,土壤硝态氮积累量随着灌水量的增加先降低后增加,表现为 W1>W3>W2,水氮处理的土壤硝态氮含量均高于 CK。

7.2.3　不同水氮处理对 60~160 cm 土层土壤硝态氮淋失量的影响

菘蓝地下部根的生长范围在 30~50 cm 土层,60 cm 以下土层中的氮素很难被菘蓝吸收利用,因此本书将 60~160 cm 土层中的硝态氮积累量定义为土壤硝态氮淋失量。不同水氮处理对 60~160 cm 土层土壤硝态氮淋失量的影响见图 7-3。

由图 7-3 可以看出,同一灌水水平下,土壤硝态氮淋失量随着施氮量增加而增大,表现为 N3>N2>N1,处理间差异显著($P<0.05$),W1 灌水水平下,N3 较 N2 处理增幅为

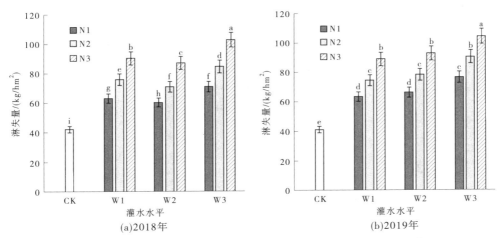

图 7-3　不同水氮处理对 60~160 cm 土层土壤硝态氮淋失量的影响

19.0%~19.4%,N2 较 N1 处理增幅为 17.4%~20.1%;W2 灌水水平下,N3 较 N2 处理增幅为 18.6%~23.0%,N2 较 N1 处理增幅为 18.3%~17.4%;W3 灌水水平下,N3 较 N2 处理增幅为 18.6%~21.5%,N2 较 N1 处理增幅为 17.9%~19.2%。同一施氮水平下,土壤硝态氮淋失量随着灌水量增加而增大,表现为 W3>W2,处理间差异显著($P<0.05$),N1 灌水水平下,W3 较 W2 处理增幅为 15.9%~17.7%;N2 灌水水平下,W3 较 W2 处理增幅为 15.5%~19.4%;N3 灌水水平下,W3 较 W2 处理增幅为 12.4%~18.0%。

高水高氮(W3N3)土壤硝态氮淋失量最大,为 102.91~104.99 kg/hm²;低水低氮(W1N1)土壤硝态氮淋失量最小,为 63.19~63.74 kg/hm²;中水中氮(W2N2)较高水高氮(W3N3)土壤硝态氮淋失量降幅为 25.0%~31.1%。

7.3　不同水氮处理对土壤-作物氮素平衡的影响

在土壤-作物生产系统中,氮素输入包括菘蓝播前土壤中的无机氮、施氮和净矿化氮,氮素输出包括菘蓝吸收氮、收获时残留在土壤中的无机氮、氮表观损失,氮素输入与氮素输出是平衡的。同时,氮素盈余量等于收获时残留在土壤中的无机氮量和氮素表观损失量之和。

不同水氮处理对土壤-作物氮素平衡的影响(2018 年)见表 7-5,不同水氮处理对土壤-作物氮素平衡的影响(2019 年)见表 7-6。由表 7-5 和表 7-6 可以看出,同一灌水水平下,氮素表观损失量随着施氮量增加先减小后增大,表现为 N3>N1>N2,处理间差异显著($P<0.05$)。W1 灌水水平下,N2 较 N3 处理降幅为 38.5%~41.4%,N2 较 N1 处理降幅为 19.9%~20.6%;W2 灌水水平下,N2 较 N3 处理降幅为 39.5%~40.0%,N2 较 N1 处理降幅为 21.7%~28.0%;W3 灌水水平下,N2 较 N3 处理降幅为 39.0%~42.9%,N2 较 N1 处理降幅为 19.3%~28.3%。同一施氮水平下,氮素表观损失量随着灌水量增加先减小后增大,表现为 W1>W3>W2,处理间差异显著($P<0.05$),N1 施氮水平下,W2 较 W3 处理降幅为 10.1%~12.2%,W2 较 W1 处理降幅为 14.3%~25.3%;N2 施氮水平下,W2 较 W3

处理降幅为 9.7%~14.8%,W2 较 W1 处理降幅为 22.3%~27.0%;N3 施氮水平下,W2 较
W3 处理降幅为 13.2%~14.8%,W2 较 W1 处理降幅为 24.7%~25.0%。低水高氮
(W1N3)氮素表观损失量最大,值为 60.3~67.2 kg/hm²;中水中氮(W2N2)氮素表观损失
量最小,值为 27.1~30.6 kg/hm²;中水中氮(W2N2)较高水高氮(W3N3)氮素表观损失量
降幅为 48.0%~48.5%。

表 7-5　不同水氮处理对土壤-作物氮素平衡的影响(2018 年)　　　单位:kg/hm²

处理	氮输入			氮输出			氮素盈余量
	施氮量	播前无机氮量	净矿化量	菘蓝吸收量	无机氮残留量	氮素表观损失量	
W1N1	150	127.3	55.5	151.6±2.55g	134.9±0.35f	46.3±2.21bc	181.2±2.55f
W1N2	200	127.3	55.5	180.8±2.76d	164.8±0.55c	37.1±2.23ef	202.0±2.76d
W1N3	250	127.3	55.5	172.6±4.1e	200±1.56a	60.3±4.94a	260.2±4.10a
W2N1	150	127.3	55.5	173.8±3.97e	124.4±1.1h	34.6±4.73ef	159.0±3.97h
W2N2	200	127.3	55.5	205.2±0.06a	150.5±1.24e	27.1±1.18g	177.6±0.058f
W2N3	250	127.3	55.5	198.4±3.29b	189.1±0.64b	45.2±3.40cd	234.4±3.29c
W3N1	150	127.3	55.5	163.7±0.42f	129.7±0.85g	39.4±1.02de	169.1±0.42g
W3N2	200	127.3	55.5	195.7±1.70b	155.4±1.25d	31.8±2.57fg	187.1±1.7e
W3N3	250	127.3	55.5	190.6±4.15c	190.1±0.98b	52.1±4.98b	242.2±4.15b
CK	0	127.3	55.5	88.3±1.16h	94.5±1.2i		94.5±1.2i

表 7-6　不同水氮处理对土壤-作物氮素平衡的影响(2019 年)　　　单位:kg/hm²

处理	氮输入			氮输出			氮素盈余量
	施氮量	播前无机氮量	净矿化量	菘蓝吸收量	无机氮残留量	氮素表观损失量	
W1N1	150	127.3	55.5	138.2±1.14e	140.2±0.81f	49.6±0.69c	189.8±0.69ef
W1N2	200	127.3	55.5	167.6±4.28c	171±1.11d	39.4±4.96de	210.4±4.96c
W1N3	250	127.3	55.5	152.2±0.84d	208.5±0.64a	67.2±1.3a	275.8±1.3a
W2N1	150	127.3	55.5	151.0±3.0d	134.4±1.49h	42.5±4.31cd	176.9±4.31g
W2N2	200	127.3	55.5	183.7±1.84a	163.6±0.67e	30.6±1.31f	194.3±1.31de
W2N3	250	127.3	55.5	178.2±4.97ab	199.1±1.11b	50.6±4.71c	249.8±4.71b
W3N1	150	127.3	55.5	142.9±5.07e	137.9±0.8g	47.3±5.41c	185.1±5.41f
W3N2	200	127.3	55.5	179.2±3.03ab	164.9±1.44e	33.9±3.05ef	198.8±3.05d
W3N3	250	127.3	55.5	174.2±1.08b	194.4±0.96c	59.4±2.026b	253.7±2.03b
CK	0	127.3	55.5	84.6±1.1f	93.3±0.55i		93.3±3.39h

由表7-5和表7-6还可以看出,同一灌水水平下,氮素盈余量随着施氮量增加而增加,表现为N3>N2>N1,处理间差异显著($P<0.05$),W1灌水水平下,N3 较 N2 处理增幅为 28.8%~31.1%,N2 较 N1 处理增幅为 10.9%~11.5%;W2 灌水水平下,N3 较 N2 处理增幅为 28.6%~32.0%,N2 较 N1 处理增幅为 9.8%~11.7%;W3 灌水水平下,N3 较 N2 处理增幅为 27.6%~29.4%,N2 较 N1 处理增幅为 7.4%~10.6%。同一施氮水平下,氮素盈余量随着灌水量增加先减小后增加,表现为W1>W3>W2,处理间差异显著($P<0.05$),N1 施氮水平下,W2 较 W3 处理降幅为 4.4%~6.0%,W2 较 W1 处理降幅为 6.8%~12.3%;N2 施氮水平下,W2 较 W3 处理降幅为 2.3%~5.1%,W2 较 W1 处理降幅为 7.7%~12.1%;N3 施氮水平下,W2 较 W3 处理降幅为 1.5%~3.2%,W2 较 W1 处理降幅为 9.4%~9.9%。低水高氮(W1N3)氮素盈余量最大,值为 260.2~275.8 kg/hm²;中水低氮(W2N1)氮素盈余量最小,值为 159.0~176.9 kg/hm²;中水中氮(W2N2)较高水高氮(W3N3)氮素盈余量降幅为 23.4%~26.7%。

在菘蓝实际生产中,氮素表观损失量和氮素盈余量的增加会引起土壤质量退化、土地生产力降低,从土壤-作物氮素平衡方面综合考虑,过量灌水、过量施氮均会造成氮素表观损失量和氮素盈余量的增加,节水减氮至中水中氮(W2N2)水平降低了氮素表观损失量和氮素盈余量,有利于土壤-作物氮素生产系统的良性发展。

7.4　不同水氮处理下植株对土壤氮素的利用情况

作物体内氮素积累量可以反映植株对土壤氮素的利用情况,作物体内氮素积累来源于播前土壤氮、肥料氮和矿化氮三部分。不同水氮处理对土壤氮积累的影响(2018 年)见表 7-7,不同水氮处理对土壤氮积累的影响(2019 年)见表 7-8。

表 7-7　不同水氮处理对土壤氮积累的影响(2018 年)

处理	板蓝根	比例/%	大青叶	比例/%	合计
W1N1	69.9±0.82g	46.1	81.7±1.82e	53.9	151.6±2.55g
W1N2	83.5±2.29c	46.2	97.4±0.59c	53.8	180.8±2.76d
W1N3	76.8±1.18ef	44.5	95.7±3.12c	55.5	172.6±4.1e
W2N1	78.6±1.93e	45.2	95.2±2.15c	54.8	173.8±3.97e
W2N2	92.5±1.91a	45.1	112.7±1.81a	54.9	205.2±0.06a
W2N3	86.8±2.55bc	43.7	111.6±0.81a	56.3	198.4±3.29b
W3N1	75.2±0.31f	45.9	88.5±0.7d	54.1	163.7±0.42f
W3N2	87.9±1.65b	44.9	107.8±1.12b	55.1	195.7±1.7b
W3N3	84.8±2.97bc	44.5	105.8±1.65b	55.5	190.6±4.15c
CK	46.4±1.14h	52.5	41.9±0.36f	47.5	88.3±1.16h

表 7-8　不同水氮处理对土壤氮积累的影响(2019 年)

处理	板蓝根	比例/%	大青叶	比例/%	合计
W1N1	65.87±0.64d	47.7	72.3±0.7h	52.3	138.2±1.14e
W1N2	76.4±2.31b	45.6	91.23±2.99e	54.4	167.6±4.28c
W1N3	69.34±0.72c	45.5	82.89±1.52f	54.5	152.2±0.84d
W2N1	66.46±1.18d	44.0	84.59±2.14f	56.0	151±3d
W2N2	80.88±1.95a	44.0	102.82±1.05a	56.0	183.7±1.84a
W2N3	75.93±2.51b	42.6	102.31±2.42ab	57.4	178.2±4.97ab
W3N1	64.48±2.55d	45.1	78.38±2.67g	54.9	142.9±5.07e
W3N2	79.97±1.55a	44.6	99.24±1.65bc	55.4	179.2±3.03ab
W3N3	76.31±0.4b	43.8	97.93±0.99c	56.2	174.2±1.08b
CK	41.08±0.76e	48.5	43.56±0.36i	51.5	84.6±1.1f

由表 7-7 和表 7-8 可以看出,同一灌水水平下,菘蓝吸收土壤氮量随着施氮量的增加先增大后减小,表现为 N2>N3>N1,处理间差异显著($P<0.05$),W1 灌水水平下,N2 较 N3 处理增幅为 4.8%~10.1%,N2 较 N1 处理增幅为 19.3%~21.3%;W2 灌水水平下,N2 较 N3 处理增幅为 3.1%~3.4%,N2 较 N1 处理增幅为 18.0%~21.6%;W3 灌水水平下,N2 较 N3 处理增幅为 2.6%~2.9%,N2 较 N1 处理增幅为 19.5%~25.4%。

同一施氮水平下,菘蓝吸收土壤氮量随着灌水量的增加先增大后减小,表现为 W2>W3>W1,处理间差异显著($P<0.05$),N1 施氮水平下,W2 较 W3 处理增幅为 5.7%~6.1%,W2 较 W1 处理增幅为 9.3%~14.7%;N2 施氮水平下,W2 较 W3 处理增幅为 2.5%~4.8%,W2 较 W1 处理增幅为 9.6%~13.4%;N3 施氮水平下,W2 较 W3 处理增幅为 2.3%~4.1%,W2 较 W1 处理增幅为 15.0%~17.1%。

中水中氮(W2N2)菘蓝吸收土壤氮量最大,值为 183.7~205.2 kg/hm²;低水低氮(W1N1)菘蓝吸收土壤氮量最小,值为 138.2~151.6 kg/hm²;中水中氮(W2N2)较高水高氮(W3N3)菘蓝吸收土壤氮量增幅为 5.4%~7.6%。

作物吸收土壤氮积累量大小反映了作物对土壤氮利用效率的高低,作物吸收土壤氮积累量越大,作物对土壤氮利用效率越高,土壤矿化氮量越高,土地生产力越强,从菘蓝吸收土壤氮积累量方面考虑,节水减氮至中水中氮(W2N2)水平增加了菘蓝吸收土壤氮积累量,有利于作物对土壤氮素的吸收利用,进而为减少施用氮肥腾出空间。

7.5　不同水氮处理对肥料氮去向的影响

作物吸收、残留在土壤中和氮肥损失,是肥料氮进入土壤后的 3 个去向。巨晓棠等研究发现,在农户习惯施氮 0~300 kg/hm² 内,作物吸收肥料氮占总吸氮量的 28.1%~37.8%,本次试验计算菘蓝吸收肥料氮占总吸氮量时取平均值 32.9%,也就是说,菘蓝植株积累的总氮素有 32.9% 来源于肥料氮,有 67.1% 来源于土壤氮,即菘蓝吸收土壤氮(kg/hm²)= 植株吸氮量(kg/hm²)×67.1%。

不同水氮处理对肥料氮去向的影响(2018 年)见表 7-9,不同水氮处理对肥料氮去向的影响(2019 年)见表 7-10。由表 7-9 和表 7-10 可以看出,同一灌水水平下,肥料氮损失量随着施氮量的增加而增大,表现为 N3>N2>N1,处理间差异显著($P<0.05$),W1 灌水水平下,N3 较 N2 处理增幅为 44.5%~44.9%,N2 较 N1 处理增幅为 41.5%~44.5%;W2 灌水水平下,N3 较 N2 处理增幅为 43.9%~48.1%,N2 较 N1 处理增幅为 42.6%~49.1%;W3 灌水水平下,N3 较 N2 处理增幅为 43.0%~45.7%,N2 较 N1 处理增幅为 39.0%~46.0%。

表 7-9　不同水氮处理对肥料氮去向的影响(2018 年)

处理	施氮量/(kg/hm²)	植株吸收肥料氮/(kg/hm²)	比例/%	0~160 cm 土层残留肥料氮/(kg/hm²)	比例/%	肥料氮损失量/(kg/hm²)	比例/%
W1N1	150	49.9±0.83g	33.3	37.5	25.0	62.6±0.83g	41.7
W2N1	150	59.5±0.92d	38.1	37.5	25.0	90.5±0.92d	36.9
W3N1	150	56.8±1.35e	35.9	37.5	25.0	130.7±1.35a	39.1
W1N2	200	57.2±1.28e	29.8	50.0	25.0	55.3±1.28i	45.2
W2N2	200	67.5±0.01a	33.8	50.0	25.0	82.5±0.01f	41.2
W3N2	200	65.3±1.08b	32.2	50.0	25.0	122.2±1.08c	42.8
W1N3	250	53.9±0.15f	22.7	62.5	25.0	58.6±0.15h	52.3
W2N3	250	64.4±0.55bc	26.1	62.5	25.0	85.6±0.55e	48.9
W3N3	250	62.7±1.37c	25.1	62.5	25.0	124.8±1.37b	49.9

表 7-10　不同水氮处理对肥料氮去向的影响(2019 年)

处理	施氮量/(kg/hm²)	植株吸收肥料氮/(kg/hm²)	比例/%	0~160 cm 土层残留肥料氮/(kg/hm²)	比例/%	肥料氮损失量/(kg/hm²)	比例/%
W1N1	150	45.5±0.36f	33.3	37.5	25.0	67±0.36e	41.7
W2N1	150	55.1±1.42d	38.1	37.5	25.0	94.9±1.42c	36.9
W3N1	150	50.1±0.29e	35.9	37.5	25.0	137.4±0.29a	39.1
W1N2	200	49.7±1e	29.8	50.0	25.0	62.8±1f	45.2
W2N2	200	60.4±0.59a	33.8	50.0	25.0	89.6±0.59d	41.2
W3N2	200	58.6±1.61bc	32.2	50.0	25.0	128.9±1.61b	42.8
W1N3	250	47±1.66f	22.7	62.5	25.0	65.5±1.66e	52.3
W2N3	250	59±1.01bc	26.1	62.5	25.0	91±1.01d	48.9
W3N3	250	57.3±0.38c	25.1	62.5	25.0	130.2±0.38b	49.9

同一施氮水平下,肥料氮损失量随着灌水量增加先减小后增加,表现为 W1>W3>W2,处理间差异显著($P<0.05$),N1 施氮水平下,W3 较 W2 处理增幅为 4.1%~5.6%,W2 较 W1 处理降幅为 6.3%~11.7%;N2 施氮水平下,W3 较 W2 处理增幅为 1.6%~3.6%,W2 较 W1 处理降幅为 5.6%~8.8%;N3 施氮水平下,W3 较 W2 处理增幅为 1.0%~2.1%,W2 较 W1 处理降幅为 5.2%~6.5%。

低水高氮(W1N3)肥料氮损失量最大,值为130.7~137.4 kg/hm²;中水低氮(W2N1)菘蓝吸收土壤氮量最小,值为55.3~62.8 kg/hm²;中水中氮(W2N2)较高水高氮(W3N3)肥料氮损失量降幅为31.2%~33.9%。

7.6　不同水氮处理对菘蓝氮肥利用率和硝态氮淋失量的影响

为了寻求协调菘蓝高产和高效氮肥利用的氮肥投入阈值,本书以菘蓝产量作为产出指标,以氮肥利用率和硝态氮淋失量(60~160 cm 土层)作为环境指标进行多曲线分析。前文分析得出,在 W2 灌水量下产量、水分利用和施氮对环境效应可以得到一个相对满意的结果,此处只对 W2 处理下菘蓝产量、氮肥利用率和硝态氮淋失量进行相关分析。不同水氮处理下菘蓝产量与氮肥利用和硝态氮淋失量的关系见图7-4。

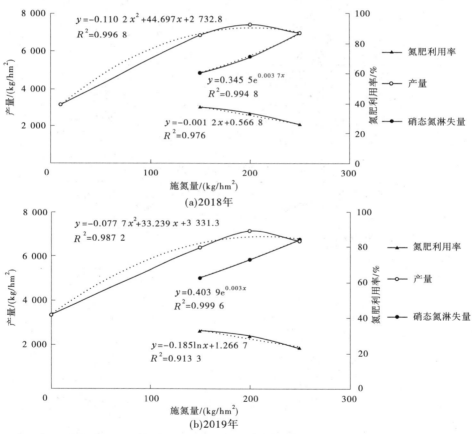

图 7-4　不同水氮处理下菘蓝产量与氮肥利用和硝态氮淋失量的关系

由图7-4可以看出,产量随着施氮量的增加先增加后减小,氮肥利用率随着施氮量的增加而降低,硝态氮淋失量随着施氮量的增加而增加。中水中氮(W2N2)较中水高氮(W2N3),产量增幅为13.7%~21.2%,氮肥利用率增幅为31.8%~34.5%,60~160 cm 土层硝态氮淋失量降幅为 25.0%～31.1%,节水减氮可以达到增产、增加肥料利用率和减少土壤剖面硝态氮的淋失量。因此,综合考虑菘蓝产量、肥料利用和环境效应,推荐当地菘蓝施氮量降至 200 kg/hm²。

7.7　本章小结

7.7.1　讨论

作物的吸收利用、无机氮的土壤残留和以淋洗、径流和氨挥发等途径的损失是肥料氮素进入土壤后的主要去向,而淋溶损失是肥料氮和土壤中无机态氮素损失的主要途径。为有效控制肥料氮淋溶损失造成的环境污染,欧美国家要求硝态氮在 0～90 cm 土层中的残留量要低于 45 kg/hm² 或无机氮不高于 50 kg/hm²。潘家荣等研究发现,中国北方地区无机氮残留量不宜超过 100 kg/hm²,否则会加剧土壤硝态氮的淋溶风险。灌溉区农业,作物根系对土壤氮素的吸收利用可以改变土壤剖面中硝态氮的分布,灌水则会引起土壤中残留的无机氮淋溶,过量施氮后,土壤剖面中的无机氮积累量随之增加。本次试验研究发现,当施氮量 200 kg/hm² 时,菘蓝吸收肥料氮素的积累量达到最高,为 67.0～70.0 kg/hm²,肥料氮损失量 80～96.5 kg/hm²,在潘家荣定义的中国北方地区无机氮残留量不宜超过 100 kg/hm² 内。当施氮量为 250 kg/hm² 时,0～160 cm 土层硝态氮、铵态氮积累量分别达到 147.89～155.61 kg/hm²、41.52～44.54 kg/hm²,硝态氮、铵态氮积累量之和远远超过了潘家荣定义的中国北方地区无机氮残留量不宜超过 100 kg/hm²,此时肥料氮的淋溶风险最高。

本次试验研究发现,随着灌水量的增加,0～60 cm 表层土壤氨态氮和硝态氮的含量呈现减小趋势,60～160 cm 土层土壤铵态氮和硝态氮的含量呈升高趋势,特别是 60～160 cm 土层土壤硝态氮积累量及其占比呈明显增加的趋势,表明灌水引起土壤硝态氮向 60～160 cm 深层土层土壤累积,增加了土壤硝态氮淋失的风险。

作物生长发育需要通过吸收土壤中氮素来满足,土壤中氮素包括肥料氮和播前土壤提供的氮素,播前土壤提供的氮素包括土壤提供的无机氮和有机氮在土壤中的矿化。从土壤氮素平衡方面看,本次试验中氮输入占比最高的为肥料氮,当施氮量为 200 kg/hm² 时,氮输入量就达到 394.3～395.6 kg/hm²,远远超过菘蓝全生育期总吸氮量 182.4～199.0 kg/hm²,也就是说,当施氮量超过 200 kg/hm² 时,继续增施氮肥会引起土壤氮素大量盈余和氮素表观损失量过高。本次试验中 W2N2 处理氮素表观损失量最小,为 27.1～30.6 kg/hm²;无机氮残留量也保持在较低的水平,值为 150.5～163.6 kg/hm²;氮素盈余量在 W2 和 W3 灌水量下的差别不大,从减少生产成本投入方面考虑,W2N2 处理更加有利于维持土壤-作物体系的氮素平衡,这与侯云鹏等的研究结果基本一致。本次试验中 0～160 cm 土层残留肥料氮所占比例为 37.5%～62.5%,肥料氮损失量所占比例为 36.9%～52.3%,随着施氮量的增加,肥料氮损失量和残留量随之增加,这与山楠等的研究结果相似。

肥料氮的去向数据表明,0～160 cm 土层肥料氮残留量和损失量随着施氮量的增加显著增加,肥料氮损失量随着灌水量的增加先减小后增加,说明超过 W2 灌水量继续灌水会加剧肥料氮淋失的风险。本次试验中菘蓝氮素积累量和肥料氮积累量、土壤无机氮残留量和肥料氮的残留量表现出相似的变化规律,当灌水在田间最大持水量 70%~80%(W2 水平)和施氮量 200 kg/hm² 时,作物对肥料氮和土壤氮的利用较高,肥料氮损失量和损失率以及表观损失量较低,土壤硝态氮淋溶风险也较低,河西地区灌区菘蓝生产过程中节水减氮是可行的。

7.7.2　结论

(1)灌水和施氮显著影响着菘蓝收获时 0~160 cm 土层铵态氮、硝态氮含量及其积累量,在 0~160 cm 土层范围内,收获时土壤铵态氮、硝态氮含量随着土层深度增加呈先降低后升高再降低的"S"形变化趋势。W1 和 W2 水平下,60~100 cm 土层土壤硝态氮含量随着土层深度增加呈升高趋势,但 W3 水平下,60~120 cm 土层土壤硝态氮含量随着土层深度增加呈升高趋势,说明过量灌水导致土壤硝态氮淋失线由 100 cm 下移至 120 cm 土层。同一灌水水平下,土壤硝态氮、铵态氮含量随着施氮量的增加而增加,表现为 N3>N2>N1。同一施氮水平下,土壤硝态氮、铵态氮含量随着灌水量的增加而减小,表现为 W1>W2>W3。中水中氮(W2N2)较高水高氮(W3N3)土壤铵态氮含量和土壤硝态氮含量降幅分别为 8.4%~9.2% 和 16.6%~22.9%。

同一灌水下水平下,土壤铵态氮积累量和土壤硝态氮积累量随着施氮量的增加而增加,表现为 N3>N2>N1;同一施氮水平下,土壤铵态氮积累量随着灌水量的增加而减小,表现为 W1>W2>W3,土壤硝态氮积累量随着灌水量的增加先降低后增加,表现为 W1>W3>W2,且水氮处理的土壤铵态氮、硝态氮积累量均高于 CK。中水中氮(W2N2)较高水高氮(W3N3)土壤铵态氮积累量和土壤硝态氮积累量降幅分别为 8.9%~9.7% 和 17.3%~23.6%。

同一灌水水平下,土壤硝态氮淋失量随着施氮量增加而增大,表现为 N3>N2>N1;同一施氮水平下,土壤硝态氮淋失量随着灌水量增加而增大,表现为 W3>W2,处理间差异显著(P<0.05)。高水高氮(W3N3)土壤硝态氮淋失量最大,为 102.91~104.99 kg/hm²;低水低氮(W1N1)土壤硝态氮淋失量最小,为 63.19~63.74 kg/hm²;中水中氮(W2N2)较高水高氮(W3N3)土壤硝态氮淋失量降幅为 25.0%~31.1%。

(2)从土壤-作物氮素平衡方面考虑,同一灌水水平下,氮素表观损失量随着施氮量增加先减小后增加,表现为 N3>N1>N2;同一施氮水平下,氮素表观损失量随着灌水量增加先减小后增加,表现为 W1>W3>W2,施氮对氮素表观损失的影响大于灌水。低水高氮(W1N3)氮素表观损失量最大,值为 60.3~67.2 kg/hm²;中水中氮(W2N2)氮素表观损失量最小,值为 27.1~30.6 kg/hm²;中水中氮(W2N2)较高水高氮(W3N3)氮素表观损失量降幅为 48.0%~48.5%。

同一灌水水平下,氮素盈余量随着施氮量增加而增加,表现为 N3>N2>N1;同一施氮水平下,氮素盈余量随着灌水量增加先减小后增加,表现为 W1>W3>W2,施氮对氮素盈余量的影响大于灌水。低水高氮(W1N3)氮素盈余量最大,值为 260.2~275.8 kg/hm²;中水中氮(W2N2)氮素盈余量最小,值为 159.0~176.9 kg/hm²;中水中氮(W2N2)较高水高氮(W3N3)氮素盈余量降幅为 23.4%~26.7%。

(3)从植株对土壤氮素利用方面考虑,同一灌水水平下,菘蓝吸收土壤氮量随着施氮量的增加先增大后减小,表现为 N2>N3>N1;同一施氮水平下,菘蓝吸收土壤氮量随着灌水量的增加先增大后减小,表现为 W2>W3>W1,处理间差异显著(P<0.05);施氮对菘蓝吸收土壤氮量的影响大于灌水。中水中氮(W2N2)菘蓝吸收土壤氮量最大,值为 183.7~205.2 kg/hm²;低水低氮(W1N1)菘蓝吸收土壤氮量最小,值为 138.2~151.6 kg/hm²;中水中氮(W2N2)较高水高氮(W3N3)菘蓝吸收土壤氮量增幅为 5.4%~7.6%。

(4)从肥料氮去向考虑,同一灌水水平下,肥料氮损失量随着施氮量的增加而增大,表现为 N3>N2>N1;同一施氮水平下,肥料氮损失量随着灌水量增加先减小后增加,表现为 W1>W3>W2,处理间差异显著(P<0.05);施氮对肥料氮损失量的影响大于灌水。低水高氮(W1N3)肥料氮损失量最大,值为 130.7~137.4 kg/hm²;中水低氮(W2N1)菘蓝吸收土壤氮量最小,值为 55.3~62.8 kg/hm²;中水中氮(W2N2)较高水高氮(W3N3)菘蓝吸收土壤氮量降幅为 31.2%~33.9%。

(5)产量随着施氮量的增加先增加后减小,氮肥利用率随着施氮量的增加而先增加后降低,硝态氮淋失量随着施氮量的增加而增加,中水中氮(W2N2)较高水高氮(W3N3),产量增幅为 13.7%~21.2%,氮肥利用率增幅为 31.8%~34.5%,60~160 cm 土层硝态氮淋失量降幅为 25.0%~31.1%,节水减氮可以达到增产、增加肥料利用率和减少土壤剖面硝态氮的淋失量。综合考虑菘蓝产量、肥料利用和硝态氮淋失量,推荐当地菘蓝灌水减少至田间最大持水量的 70%~80%,施氮量降至 200 kg/hm²,是当地菘蓝田间生产中水氮最优的水氮组合。

第 8 章　菘蓝水氮合理利用阈值

灌水和施氮是调控作物生长和产量形成的关键手段,且水、氮之间存在着明显的耦合效应。TEWOLDE H 等研究表明,水、氮供应不足会抑制生长,导致作物产量下降。HAMZEI J 研究发现,水、氮供应过量会促使油菜营养生长过旺,其籽粒产量反而下降。在一定范围内,水、氮供应量与作物产量呈正相关,过多的灌水和施氮不仅会导致作物减产,更会造成环境污染与恶化,合理地灌水和施氮是作物高产的关键。目前,许多学者对主要粮食作物的水肥耦合模型进行了研究,何进宇等对水稻的水肥耦合模型研究发现,水肥耦合对水稻产量的影响顺序为灌水>施氮>施磷,并得出不同目标产量下的水、氮、磷最优组合方案。翟丙年等对小麦的水肥耦合模型研究发现,灌水和施氮对冬小麦产量影响的交互作用显著,且灌水对产量的影响大于施氮,越冬期是灌水和施氮的关键时期。薛亮等对玉米的水肥耦合模型研究发现,灌水和施氮对产量的影响为正耦合效应,施氮对产量的影响大于灌水,最高产量下的水、氮配比为 972 m^3/hm^2 和 230 kg/hm^2。龚江等对棉花的水肥耦合模型研究发现,灌水和施氮对棉花有增产作用,但灌水和施氮的交互作用是负效应,最高产量下的水氮投入量为 4 112.8 m^3/hm^2 和 270.47 kg/hm^2。

纵观以往,学者们关于水肥耦合模型的研究多针对水稻、小麦、玉米、棉花等主要粮食作物,然而对菘蓝的研究多以调亏灌溉、肥料配比、栽培方式为主。鉴于此,本书研究膜下滴灌条件下水氮耦合对菘蓝产量的影响,以期确定菘蓝高产的最佳水氮组合方案,为菘蓝节水减氮栽培提供科学依据和理论支持。

8.1　灌水和施氮对菘蓝产量的回归模型建立

本次试验以产量为因变量,以灌水量和施氮量为自变量,建立灌水和施氮对产量的回归模型,用二元二次方程来描述。方程表达式为

$$Y = AW^2 + BN^2 + CWN + DW + EN + F \qquad (8-1)$$

式中:Y 为菘蓝产量,kg/hm^2;W 为试验设计灌水量,mm;N 为试验设计施氮量,kg/hm^2;A、B、C、D、E、F 均为常数。

大田试验条件下,环境因子和水氮运移均一性较差,因此可适当降低回归模型系数的显著水平,一些变量的系数显著性甚至可以降低到 $P = 0.1$。

根据 2018 年和 2019 年的试验数据,求出目标函数为菘蓝产量,自变量分别为灌水量和施氮量的回归方程:

2018 年:$Y = -0.11W^2 - 0.08N^2 + 23.02W + 20.78N + 0.06WN + 3\ 149.24$ (8-2)

2019 年:$Y = -0.35W^2 - 0.06N^2 + 40.05W + 18.40N + 0.07WN + 3\ 490.54$ (8-3)

回归模型摘要见表 8-1。由表 8-1 可知,灌水和施氮对产量回归模型的 R^2 都大于0.9,并且 F 检验结果表明,显著性检验值小于 0.01,即回归模型整体达到极显著水平。

因此,表明灌水量、施氮量与产量的二元二次回归关系极显著,此回归模型可以反映灌水量和施氮量与菘蓝产量之间的关系,具有较高的可靠性。

表 8-1　回归模型摘要

年份	R	R^2	标准估算的误差	F	显著性
2018	0.985	0.970	218.869	152.639	0
2019	0.969	0.939	270.853	73.499	0

回归模型分析见表 8-2。由表 8-2 可知,当变量系数显著性降低到 $P=0.1$ 时,灌水和施氮对产量的回归模型中一次项、二次项、交互项均达到显著水平,说明灌水、施氮和其交互效应对产量均有显著的影响。

表 8-2　回归模型分析

年份	变量	未标准化系数		标准化系数	t	显著性
		B	标准误差	$Beta$		
2018	常量	3 149.24	126.17	0	24.96	0
	W	23.02	12.72	1.20	1.81	0.08
	N	20.78	10.50	1.32	1.98	0.06
	W2	−0.11	0.04	−1.36	−2.68	0.01
	N2	−0.08	0.03	−1.38	−2.71	0.01
	WN	0.07	0.03	0.78	2.34	0.03
2019	常量	3 490.54	155.83	0	21.12	0
	W	40.05	12.96	1.59	3.09	0.005
	N	18.42	5.31	1.34	3.47	0.002
	W2	−0.35	0.07	−1.97	−5.07	0
	N2	−0.06	0.02	−1.14	−2.99	0.006
	WN	0.07	0.04	0.57	1.80	0.085

在两年的回归模型中,灌水和施氮一次项系数为正值,说明一定范围内增加灌水量和施氮量均会增加产量;灌水和施氮二次项的系数均为负数,说明随着灌水量和施氮量的增加产量呈开口向下的抛物线形变化,灌水量和施氮量均存在一个最大顶点值,灌水量和施氮量超过最大顶点值后产量开始下降,从而造成水资源和氮肥的无效浪费;灌水量和施氮量交互项对产量的影响达显著水平,且交互项系数为正值,说明水氮耦合效应为正效应。

8.2　灌水和施氮对菘蓝产量影响的模型解析

8.2.1　灌水和施氮对板蓝根影响的主因子效应分析

产量回归方程中,因子的正负号表示因子对产量的相关影响方向,因子的数值反映出因子对产量的贡献大小。回归系数显著性检验结果表明,灌水、施氮的增产作用达显著水平。回归系数 t 检验结果表明,灌水对产量的影响作用大于施氮,即灌 1 mm 水的作用大于施 1 kg 氮的作用。

8.2.2　菘蓝产量最大时水和氮的投入量

对式(8-2)中的灌水量和施氮量分别求微分后,得出式(8-4):

$$\begin{cases} \dfrac{\partial Y}{\partial W} = -0.22W + 0.07N + 23.02 \\ \dfrac{\partial Y}{\partial N} = -0.16N + 0.07W + 20.78 \end{cases} \tag{8-4}$$

令式(8-4)各方程的值为0,联立求解可得,2018 年最佳灌水量为 157.64 mm,2018 年最佳施氮量为 200.77 kg/hm²,并将结果代入式(8-2),可得到 2018 年菘蓝理论最高产量为 7 050.02 kg/hm²。

对式(8-3)中的施氮量和灌水量分别求微分后,得到式(8-5):

$$\begin{cases} \dfrac{\partial Y}{\partial W} = -0.70W + 0.07N + 40.05 \\ \dfrac{\partial Y}{\partial N} = -0.12N + 0.07W + 18.40 \end{cases} \tag{8-5}$$

令式(8-5)各方程的值为0,联立求解可得,2019 年最佳灌水量为 77.35 mm,2019 年最佳施氮量为 210.29 kg/hm²,并将结果代入式(8-3),可得到 2019 年菘蓝理论最高产量为 6 976.17 kg/hm²。

8.2.3　灌水和施氮对菘蓝产量影响的单因素效应分析

为进一步分析灌水和施氮分别对菘蓝产量的影响,可对式(8-2)和式(8-3)进行降维处理,即将两个自变量中的任意一个定为菘蓝产量最大时的投入量(2018 年菘蓝产量最大时的灌水量和施氮量分别为 157.64 mm 和 210.29 kg/hm²;2019 年菘蓝产量最大时的灌水量和施氮量分别为 77.35 mm 和 210.29 kg/hm²),可得到菘蓝产量关于另一个自变量的一元二次子模型为

2018 年灌水量:	$Y = -0.11W^2 + 36.21W + 4\ 196.15$	(8-6)
2018 年施氮量:	$Y = -0.08N^2 + 31.14N + 3\ 924.17$	(8-7)
2019 年灌水量:	$Y = -0.35W^2 + 53.99W + 4\ 888.32$	(8-8)
2019 年施氮量:	$Y = -0.06N^2 + 23.55N + 4\ 500.32$	(8-9)

　　不同水氮处理对菘蓝产量的影响见图 8-1。由图 8-1 可以看出,灌水和施氮对菘蓝产量的效应均呈开口向下的抛物线形,表明灌水和施氮两个因素都有明显的增产效应。抛物线的顶点的纵坐标值就是相应单因素的产量最大值,横坐标值就是相应单因素的最佳投入量。当灌水量和施氮量低于最佳投入量时,产量随着灌水量和施氮量的增加而增加,当灌水量和施氮量超过最佳投入量时,产量随着灌水量和施氮量的增加反而降低,完全符合报酬递减定律。

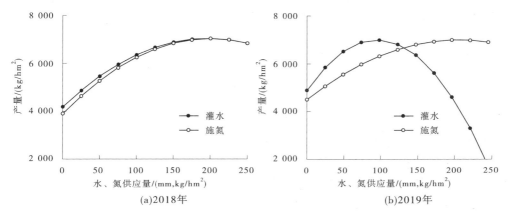

图 8-1　不同水氮处理对菘蓝产量的影响

　　在不同生态系统的交互作用下,普遍存在由于生态因子的差异性引起的生态系统组分及行为发生较大变化的现象,这种现象就是边际效应。边际产量是指在固定灌水和施氮中的任一因素,增加或减少另一因素的单位投入量,板蓝根总产量的增加量或减少量。灌水、施氮对产量的边际效应,能够反映出单位灌水量或单位施氮量对应总产量的变动速率。在灌水和施氮对产量的二元回归模型中,灌水的边际效应必然受到施氮的影响。灌水和施氮在不同水平下的边际效益可通过对式(8-2)和式(8-3)中固定一个因子后,对另一个因子求一阶导数进行,本次试验固定因子为板蓝根产量最大时水和氮的投入量(2018 年板蓝根产量最大时的灌水量和施氮量分别为 157.64 mm 和 200.77 kg/hm²;2019 年板蓝根产量最大时的灌水量和施氮量分别为 77.35 mm 和 210.29 kg/hm²),得到如下 4 个新的方程。可以看出,灌水和施氮对产量的影响均符合报酬递减规律,当灌水和施氮的边际效应均为零时,板蓝根的产量达到最大值,此时所对应的施氮量为板蓝根产量最高的施用量,即

2018 年灌水量:
$$\frac{dY}{dW} = -0.22W + 36.21 \tag{8-10}$$

2018 年施氮量:
$$\frac{dY}{dN} = -0.16N + 31.14 \tag{8-11}$$

2019 年灌水量:
$$\frac{dY}{dW} = -0.70W + 53.99 \tag{8-12}$$

2019 年施氮量:
$$\frac{dY}{dN} = -0.12N + 23.55 \tag{8-13}$$

产量边际效应的分析见图 8-2。

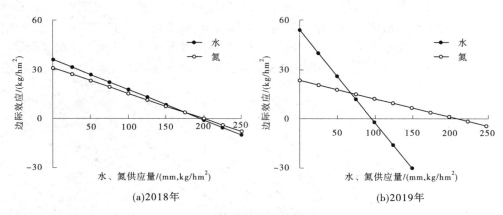

(a)2018年　　　　　　　　　　　(b)2019年

图 8-2　产量边际效应的分析

图 8-2 表示在对应的灌水量和施氮量下,每增加 1 mm 水或增施 1 kg/hm² 氮时,板蓝根产量的变化量,即菘蓝边际效应。可以看出,灌水和施氮的边际效应均表现为线性递减趋势。边际效应随着灌水量和施氮量的递增而递减,在灌水量、施氮量较低时,其对应的边际效应较大。与横轴相交之处的边际效应为零,此时横轴的数值为最佳灌水量和最佳施氮量,将最佳灌水量和最佳施氮量代入方程就得到相应年份板蓝根的最大产量。继续增加灌水量和施氮量时,边际效应出现负值,说明超过最佳灌水量和最佳施氮量时,板蓝根总产量开始下降,投入成本增加,收益开始下降。

8.2.4　灌水和施氮对菘蓝产量影响的双因素耦合效应分析

灌水和施氮对产量的回归方程显示,交互项 W、N 的系数均为正值,说明灌水和施氮对产量的影响为正交互作用,在一定范围内,灌水和施氮合理配合使用能够促进菘蓝产量的提高。

根据式(8-2)和式(8-3)作出灌水和施氮对产量的交互效应图(见图 8-3)。曲面图上任一点的高度(Y 轴值)表示与之相对应的灌水和施氮组合下的板蓝根产量,曲面图上点的高度(Y 轴值)越大,说明板蓝根产量越大,灌水和施氮组合产生的正交互效应越好;曲面图中曲线表示固定灌水量或施氮量时,菘蓝产量随着施氮量或灌水量的变化趋势,可以看出,固定任何一个因素,菘蓝产量随着另一个因素的增加均表现为先增后减的变化趋势。

由图 8-3 可以看出,菘蓝产量随着灌水和施氮变化呈抛物线形,在试验设计范围内,随着灌水量和施氮量的增加,菘蓝产量先增后减,菘蓝产量变化率(曲面坡度)先减小后增大,呈正凸面状,表明灌水和施氮的增产效应比较接近,菘蓝产量最高点出现在施氮量和灌水量的较高值上,菘蓝产量最低点出现在施氮量和灌水量的最低值上。随着灌水量和施氮量的同时增加,菘蓝产量随之先大幅升高后缓慢减小。在同一灌水水平下,随着施氮量的增加菘蓝产量先增后减;在同一施氮水平下,随着灌水量的增加菘蓝产量同样表现为先增后减的变化趋势。在较低的灌水量下,增施氮肥对菘蓝增产作用不明显,但在较高

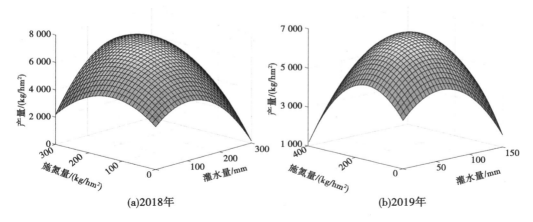

(a)2018年　　　　　　　　(b)2019年

图 8-3　灌水量和施氮量与菘蓝产量关系的曲面图

的灌水量下,增施氮肥明显增加了菘蓝产量;固定灌水量同样存在此种现象。在试验设计范围内,灌水量和施氮量最大时并不是菘蓝产量最高值,表明过量灌水和过量施氮对产量提高有抑制作用,只有合理的灌水和施氮组合才能获得高产和高收益。

8.3　灌水和施氮最优组合方案的确定

根据式(8-2),在 $110 \leqslant W \leqslant 200$ 和 $120 \leqslant N \leqslant 300$ 各取 10 个水平,并分别统计出菘蓝产量大于理想菘蓝产量(6 900 kg/hm^2)所对应的各水平出现的次数,如表 8-3 所示。

表 8-3　目标产量的寻优方案(2018 年)

N	W										W 次数
	110	120	130	140	150	160	170	180	190	200	
120	6 536	6 581	6 603	6 602	6 578	6 531	6 461	6 368	6 252	6 113	0
140	6 693	6 751	6 786	6 798	6 787	6 754	6 697	6 617	6 514	6 388	0
160	6 788	6 859	6 907	6 933	6 935	6 914	6 870	6 804	6 714	6 602	4
180	6 821	6 905	6 967	7 005	7 020	7 013	6 982	6 929	6 852	6 753	7
200	6 792	6 889	6 964	7 015	7 044	7 049	7 032	6 991	6 928	6 842	7
220	6 701	6 811	6 899	6 963	7 005	7 024	7 019	6 992	6 942	6 869	6
240	6 547	6 671	6 772	6 850	6 904	6 936	6 945	6 931	6 894	6 834	4
260	6 332	6 469	6 583	6 674	6 742	6 787	6 809	6 808	6 784	6 737	0
280	6 055	6 205	6 332	6 436	6 517	6 575	6 610	6 622	6 611	6 578	0
300	5 715	5 878	6 019	6 136	6 230	6 301	6 350	6 375	6 377	6 357	0
W 次数	0	1	3	4	5	5	4	4	2	0	

根据表 8-3 的统计,分别求出菘蓝产量大于理想菘蓝产量的各因子取值频率分布及

配比方案,如表8-4所示。

表8-4　目标产量的寻优统计(2018年)

序号	灌水量			施氮量		
	水平/mm	次数	频率/%	水平/mm	次数	频率/%
1	110	0	0	120	0	0
2	120	1	3.6	140	0	0
3	130	3	10.7	160	4	14.3
4	140	4	14.3	180	7	25.0
5	150	5	17.85	200	7	25.0
6	160	5	17.85	220	6	21.4
7	170	4	14.3	240	4	14.3
8	180	4	14.3	260	0	0
9	190	2	7.1	280	0	0
10	200	0	0	300	0	0
总次数		28	100.0		28	100.0
加权平均数		157.14 mm			199.29 mm	
标准误差		18.87			25.34	
最优配比方案		150.15~164.13 mm			189.9~208.67 mm	

2018年菘蓝产量超过理想菘蓝产量(6 900 kg/hm²)的组合方案28套,占总方案数的28%。对以上的灌水和施氮组合进行次数统计,得到菘蓝产量≥6 900 kg/hm²的优化管理方案,优化方案对应的灌水量和施氮量分别为150.15~164.13 mm和189.9~208.67 kg/hm²。而通过与最高菘蓝产量(7 050.02 kg/hm²)所对应的灌水量(157.64 mm)和施氮量(200.77 kg/hm²)相比较,很明显,最高菘蓝产量所对应的灌水量和施氮量均在此最优配比方案区间中,故此方案可行。

根据式(8-3),在40≤W≤130和100≤N≤325各取10个水平,并分别统计出菘蓝产量大于理想菘蓝产量(6 700 kg/hm²)所对应的各水平出现的次数,如表8-5所示。

表8-5　目标产量的寻优方案(2019年)

N	W										W次数
	40	50	60	70	80	90	100	110	120	130	
100	6 081	6 234	6 317	6 330	6 273	6 147	5 950	5 684	5 348	4 943	0
125	6 293	6 463	6 562	6 592	6 551	6 442	6 262	6 012	5 693	5 304	0
150	6 435	6 621	6 737	6 783	6 760	6 666	6 503	6 270	5 967	5 595	3

续表 8-5

N	W										
	40	50	60	70	80	90	100	110	120	130	W 次数
175	6 507	6 709	6 842	6 905	6 898	6 821	6 674	6 458	6 172	5 816	5
200	6 509	6 728	6 877	6 956	6 966	6 906	6 776	6 576	6 306	5 967	6
225	6 441	6 676	6 842	6 938	6 964	6 921	6 807	6 624	6 371	6 048	5
250	6 303	6 555	6 737	6 850	6 892	6 865	6 768	6 602	6 365	6 059	5
275	6 095	6 363	6 562	6 691	6 751	6 740	6 660	6 510	6 290	6 000	2
300	5 817	6 102	6 317	6 463	6 539	6 545	6 481	6 348	6 144	5 871	0
325	5 469	5 770	6 002	6 165	6 257	6 280	6 233	6 116	5 929	5 672	0
W 次数	0	2	5	5	6	5	3	0	0	0	0

根据表 8-5 的统计,分别求出菘蓝产量大于理想菘蓝产量的各因子取值频率发布及配比方案,如表 8-6 所示。

表 8-6　目标产量的寻优统计(2019 年)

序号	灌水量/mm			施氮量/mm		
	水平	次数	频率/%	水平	次数	频率/%
1	40	0	0	100	0	0
2	50	2	7.69	125	0	0
3	60	5	19.23	150	3	11.54
4	70	5	19.23	175	5	19.23
5	80	6	23.08	200	6	23.08
6	90	5	19.23	225	5	19.23
7	100	3	11.54	250	5	19.23
8	110	0	0	275	2	7.69
9	120	0	0	300	0	0
10	130	0	0	325	0	0
总次数		26	100.0		26	100.0
加权平均数	76.15 mm			209.62 mm		
标准误差	14.70			36.74		
最优配比方案	70.50~81.80 mm			195.49~223.74 mm		

2019 年菘蓝产量超过理想菘蓝产量 6 700 kg/hm² 的组合方案 26 套,占总方案数的 26%。对以上 26 套灌水和施氮组合进行频数统计,得到菘蓝产量 ≥6 500 kg/hm² 的优化

管理方案,优化方案对应的灌水量和施氮量范围为 70. 50~81. 80 mm 和 195. 49~223. 74 kg/hm^2。而通过与最高菘蓝产量(6 976. 17 kg/hm^2)所对应的灌水量(77. 35 mm)和施氮量(201. 29 kg/hm^2)相比较,很明显,最高菘蓝产量所对应的灌水量和施氮量均在此最优配比方案区间中,故此方案可行。

8.4　本章小结

8.4.1　讨论

　　水、氮是限制作物生长发育和产量提高的关键因子。作物产量随着灌水量和施氮量的增加先升高后降低,水氮合理配施的增产作用往往大于单独灌水、施氮的作用。本书发现,在一定范围内,增加灌水量和施氮量会增加作物产量,当超过水氮耦合阈值时,继续增加灌水量和施氮量会造成作物减产,这与前人在小麦、玉米、棉花上的研究结果基本一致。

　　河西地区菘蓝生产中普遍存在大水漫灌和不合理施氮的问题。李文明等认为适合甘肃省民乐县地区的菘蓝的经济灌水量为 2 250 m^3/hm^2,张文斌等认为甘肃省民乐县地区采用田间持水量为 75%~90%、施氮量为 225 kg/hm^2 时,菘蓝可获得高产。本书结果表明,在膜下滴灌条件下,节水至土壤含水量为田间持水量的 70%~80%、减氮至 200 kg/hm^2 时,中水中氮(W2N2)较高水高氮(W3N3)处理产量增幅达 12.2%~18.4%,说明当地菘蓝生产中确实存在过量灌水和过量施氮问题,实施节水减氮栽培措施是必要的、可行的。

　　作物产量受到诸多环境因子的影响,本次试验建立的产量回归模型只考虑了灌水和施氮因素,应进一步综合考虑肥料中磷钾肥、光照、温度、气候等因素对产量的影响,通过连续多年的定点试验,建立多因素耦合回归模型,采用模糊数学分析法深入研究菘蓝产量的耦合效应,以得到较为真实的结果。

8.4.2　结论

　　(1)灌水和施氮对产量的关系可以用二元二次回归模型表达,此模型预测的产量与真实产量较吻合,具有比较高的可靠性。

　　(2)灌水和施氮的增产效应显著,灌水和施氮之间存在显著的正交互效应,且灌水对产量的作用大于施氮,过量的灌水和施氮会降低产量。

　　(3)回归模型分析得出,2018 年产量最大(7 050. 02 kg/hm^2)时对应灌水量和施氮量为 157. 64 mm 和 200. 77 kg/hm^2,2019 年产量最大(6 976. 17 kg/hm^2)时对应灌水量和施氮量为 77. 35 mm 和 210. 29 kg/hm^2;回归模型寻优得出,2018 年产量大于 6 900 kg/hm^2 时,灌水和施氮最佳组合为 150. 15~164. 13 mm 和 189. 9~208. 67 kg/hm^2,2019 年产量大于 6 700 kg/hm^2 时,灌水和施氮最佳组合为 70. 50~81. 80 mm 和 195. 49~223. 74 kg/hm^2;最大产量对应的灌水量和施氮量均在模型寻优最佳组合方案之内。

　　(4)综合考虑,建议河西地区菘蓝生产采用节水至土壤含水量为田间持水量的 70%~80%、减氮至 200 kg/hm^2 的最佳水氮组合方案,此时菘蓝产量可达到最高,值为 7 137~7 417 kg/hm^2。

第 9 章　遗传算法在河西地区菘蓝水氮研究中的应用

　　遗传算法是一种基于生物进化论的搜索优化算法,可适用于各类实际问题的求解,具有适应性强、可解释性强、并行处理能力强等特点。本章对遗传算法进行了介绍,包括其基本理论、基本特点和实现过程。在实现过程中,需要考虑编码方式、适应度函数构造方法、遗传运算(选择、交叉、变异)的方式以及终止条件等因素。在应用遗传算法对实际问题进行求解时,需要根据具体问题选择适合的运算方法对程序进行编制。遗传算法在解决实际问题中具有广泛的应用前景,适用于本书对于调亏灌溉决策优化模型求解的问题。

9.1　遗传算法的基本理论

　　遗传算法是一种模拟自然进化过程的优化算法,它的历史可以追溯到 20 世纪 60 年代初期,当时,美国的科学家们开始研究如何模拟生物进化过程来解决优化问题。其中,最著名的科学家是 John Holland 和 Kenneth De Jong,他们是遗传算法的创始人之一。20世纪 60 年代末期,Holland 在其著作《自适应系统的研究》中,首次提出了遗传算法,引起了人们广泛的关注。20 世纪 70 年代和 80 年代,出现了一系列重要的算法变体和改进方法,如粒子群优化算法、差分进化算法等。20 世纪 90 年代以来,遗传算法的研究取得了长足的进展。研究人员提出了一系列新的遗传算法变体和改进方法,如多目标遗传算法、协方差矩阵自适应进化策略等。同时,遗传算法的应用领域也不断扩大,涉及更多的领域,如人工智能、机器学习、数据挖掘、图像处理等。当前,遗传算法已经成为一种成熟的优化算法,被广泛应用于各种领域。在实际应用中,研究人员也在不断地改进和优化遗传算法,以便更好地适应不同的问题和应用场景。

　　首先,遗传算法中的遗传操作模拟了自然界中的基因遗传过程。在遗传操作中,算法通过将个体的染色体按照某种规则进行交叉和重组,产生新的个体,这个过程类似于生物界中的杂交和交配。

　　其次,变异操作模拟了自然界中的基因突变过程。变异操作通过在个体的染色体中随机产生新的基因,从而生成一个与原始个体略有不同的新个体。

　　最后,自然选择操作模拟了自然界中的优胜劣汰过程。在自然选择过程中,适应度高的个体更容易被选择并保留,而适应度低的个体则更容易被淘汰,这个过程类似于自然界中适者生存的原则。

　　总之,遗传算法是一种基于自然进化原理的搜索算法,通过遗传、变异和自然选择 3个操作来模拟生物进化过程,不断生成新的个体去组成种群,并对种群中的个体进行筛选,从而实现寻找最优解或近似最优解的目标。

9.2　遗传算法的基本特点

在使用遗传算法对实际问题求解运算的过程中,遗传算法可以不断地进行搜索和进化,以寻求问题的最优解。相比传统的优化算法,遗传算法具有以下几个特点:

(1)全局搜索能力强。遗传算法可以从多个初始解开始,同时搜索问题的多个解空间,因此它具有全局搜索能力。与其他优化算法相比,遗传算法更容易发现全局最优解。在应用领域中,遗传算法通常用于求解那些具有复杂、多峰、多解和非线性特性的问题,这些问题往往难以用传统的优化方法求解。

(2)并行处理能力强。遗传算法的并行处理能力主要体现在以下 3 个方面:①种群并行。遗传算法中,每个个体都有一个基因组,每个基因组都可以看作一个解,而种群则是由许多个体组成的。在种群中,每个个体都可以在不同的处理器上独立计算,因此可以并行地计算多个个体,以加快搜索速度。②任务并行。遗传算法中,各个操作(选择、交叉、变异等)可以独立进行,因此可以将不同操作分配给不同的处理器进行并行计算,以加快搜索速度。③分布式并行。遗传算法可以通过分布式计算来进行并行处理,在分布式计算中,不同计算机可以共同处理一个遗传算法任务,每个计算机负责处理其中的一部分,通过网络通信来共享信息和交换种群。遗传算法的并行处理能力可以充分利用多核处理器、分布式计算资源等硬件资源,以加快搜索速度。同时,对于复杂的问题,采用并行处理能够提高搜索的效率和精度,更容易找到全局最优解。

(3)适应性强。遗传算法可以在不同的问题领域进行应用,它可以通过选择适当的编码方式、适当的交叉和变异方式,来适应不同类型的问题,在搜索过程中,利用适应度函数对解进行适应度评价,同时在进化的过程中不断优化解,从而得到更加优秀的解,不仅可以用于优化问题,还可以用于组合优化问题、多目标优化问题、约束优化问题等各种问题的求解。

(4)可解释性强。遗传算法的可解释性强是由其基因编码方式的易理解性、运算过程的易解释性、结果的可视化以及参数设置的灵活性等因素共同作用的结果,这种特点使得遗传算法在实际问题的求解过程中具有较高的可解释性,能够帮助研究人员更好地理解算法的求解过程和结果,降低算法使用难度,从而更好地应用和推广遗传算法。

9.3　遗传算法的实现过程

遗传算法的实现过程即将实际问题转换为遗传算法可进行求解运算的过程,主要包括以下步骤:

(1)编码:将实际问题转化为可处理的染色体或个体的形式,即通过符号进行编码,将问题转化为一个二进制字符串或者其他表示方式。

(2)初始化种群:随机生成一定数量的个体作为初始化种群,每个个体由编码生成,确定种群规模和染色体长度等参数。

(3)构造适应度函数:根据问题需求,定义一个评价函数来评估每个个体的适应度,将其转化为可计算的值。

（4）选择操作：利用适应度函数选择合适的个体，作为下一代个体的父代。

（5）交叉操作：选择父代个体执行交叉操作，以产生新的子代个体。

（6）变异操作：选择子代个体执行变异操作，增加搜索空间，以尽量避免算法陷入局部最优解。

（7）判断终止条件：当种群个体满足终止条件，结束循环并输出最优解；若不满足终止条件，则不断重复遗传操作，直至满足终止条件或触发其他终止设置结束循环，并输出当前最优解。

遗传算法运算流程如图 9-1 所示。

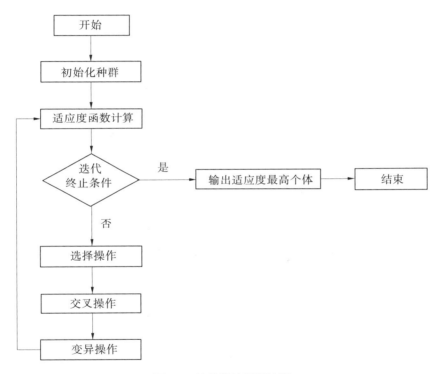

图 9-1　遗传算法运算流程

9.3.1　编码

在遗传算法中，编码是一个非常关键的步骤，编码的成功与否会直接影响到遗传算法的收敛性、效率等相关问题。因此，在遗传算法的应用中，编码问题是首先需要解决的问题，编码是将实际问题转化为可处理的染色体或个体的形式，编码的主要目的是使问题能够通过遗传算法进行求解，在进行编码时，需要根据实际问题的特点和求解目标来选择适当的编码方式。常见的编码方式有以下几种：

（1）二进制编码。

二进制编码是遗传算法中常见的一种编码方式。它将待求解问题的每个变量用一串二进制数表示,即将连续的实值域转化为离散的二进制编码。二进制编码的优点是简单易实现,能够保证每个变量的取值范围不会越界,适用于对变量精度要求不高的问题。但是二进制编码也存在一些缺点。例如,对于取值范围较大的变量,需要使用较长的二进制串,从而增加了搜索空间大小,导致算法效率下降。此外,由于二进制编码是离散的,可能出现两个十分接近的解被编码成了完全不同的二进制串,从而影响算法的搜索效果。

（2）格雷码编码。

格雷码编码是一种常用的二进制编码方式。它是通过将二进制编码中相邻两位之间进行异或操作,得到一种新的编码方式。具体来说,将二进制编码中的第一位保持不变,后面每一位都与前一位进行异或操作,得到的结果就是格雷码。例如,对于二进制编码1010,它对应的格雷码就是1111。具体的计算过程如下:①将二进制码的第一位保持不变:1 _ _ _;②将第二位与第一位异或:1 1 _ _;③将第三位与第二位异或:1 1 1 _;④将第四位与第三位异或:1 1 1 1。得到的格雷码为1111。

格雷码编码相较于普通的二进制编码,主要优点是在进行遗传算法的交叉操作时可以减少某些不必要的局部影响,从而更好地保持种群多样性,提高遗传算法的全局搜索能力。格雷码编码还能够减少二进制编码中由于位数不同而导致的编码差异,从而更好地适用于基于精度的问题。然而,格雷码编码也存在一些缺点:①相比于二进制编码,格雷码编码的实现较为复杂,计算速度较慢;②格雷码编码中同样存在着部分位数之间相互依赖的问题,这也可能影响到遗传算法的收敛速度。因此,在具体应用时需要根据问题特点来选择编码方式。

（3）浮点数编码。

浮点数编码适用于需要优化连续型变量的问题,如数学优化、工程设计等。与二进制编码相比,浮点数编码更加逼近实际问题,可以减少信息损失。在浮点数编码中,每个个体被表示为一个向量,每个向量元素都是实数值。由于计算机在处理实数时存在精度误差的问题,因此需要对编码进行限制和调整,以保证编码质量。浮点数编码的实现过程与二进制编码类似,只是编码方式不同。具体而言,可以将一个连续型变量转化为二进制数,再将二进制数转化为实数值。对于一个要被编码的连续型变量,首先需要确定其取值范围和所需的精度,将其转化为二进制数,并将二进制数按照一定的方式映射到实数值范围内,从而得到对应的实数值。常用的映射方式包括线性映射、指数映射、对数映射等。在浮点数编码中,个体的交叉和变异操作与二进制编码类似,但需要注意的是,浮点数编码的交叉和变异操作应该保证新生成的个体仍能满足取值范围和精度的要求,否则会导致算法失效。因此,需要对交叉和变异操作进行限制和调整,以保证算法的有效性和收敛性。

（4）实数编码。

实数编码指的是将决策变量编码为实数的形式。在实数编码中,每个基因表示的是决策变量在可行域内的一个实数值,基因型的长度是固定的。实数编码的优点是可以取到任意精度的值,比较灵活。相对于其他编码方式,实数编码的编码和解码过程比较简单,易于实现。实数编码能够通过交叉和变异操作有效地保留优秀的个体,因此可以加快收敛速度。但实数编码需要对每个参数指定上下限,如果参数范围不合理或者指定不当,可能会导致算法无法找到最优解。

9.3.2　初始化种群

在遗传算法中,初始化种群是算法的第一步。种群是由一定数量的个体组成的,每个个体都代表着一个可能的解决方案。因此,初始化种群是生成一个初始解集的过程,该解集将作为遗传算法的初始化种群。初始化种群的目标是尽可能地涵盖搜索空间,以便更有可能找到最优解。初始化种群的方法通常有两种:随机初始化和启发式初始化。

(1)随机初始化是最常用的初始化种群方法。该方法简单地从搜索空间中随机生成个体,并将它们作为初始化种群。每个个体的编码由遗传算法的编码方法确定。

(2)启发式初始化是一种更复杂的初始化种群方法,启发式初始化方法有很多种,比如基于问题领域知识的启发式方法、基于历史经验的启发式方法、基于先验信息的启发式方法等。这些方法都是针对不同的问题特点和算法目标而设计的,可以根据具体问题的特点来选择使用。与随机初始化相比,启发式初始化可以更快地收敛到更优的解,减少算法的搜索空间,提高算法的效率和精度。

无论是随机初始化还是启发式初始化,都需要注意初始化种群的数量和质量。如果初始化种群的数量太少,可能会导致遗传算法收敛太快并陷入局部最优解。如果初始化种群的质量太低,可能会导致算法无法找到最优解。因此,在初始化种群时,需要根据问题的特点和算法的性质,合理地选择种群规模和初始化方法,以获得更好的搜索效果。

9.3.3　构造适应度函数

适应度函数用来评估每个个体的优劣程度,是决定个体是否能被遗传到下一代的重要依据。构造适应度函数的主要目的是将问题的优化目标转化为一个数学表达式来评估指标,使得个体的优劣可以被量化和比较。适应度函数的好坏直接影响算法的效率和求解精度。常见的适应度函数构造方法有以下几种。

1. 直接转化法

将问题的目标函数直接转化为适应度函数的方法即为直接转化法。

当求解目标最大化问题时:

$$F(X) = f(x) \tag{9-1}$$

当求解目标最小化问题时:

$$F(X) = -f(X) \tag{9-2}$$

式中: $F(X)$ 为适应度函数; $f(X)$ 为问题的目标函数。

直接转化法的优点是简单易行,可以很快地构造出适应度函数。缺点是需要预先知道目标函数的取值范围,如果取值范围过大或过小,会导致适应度函数的分辨率过低或过高,影响算法的搜索效率。此外,直接转化法不能很好地反映目标函数的局部性质,容易陷入局部最优解。

2. 界限构造法

界限构造法是在直接转化法基础上改进而来的方法,它通过添加相应的界限值来设计适应度函数,同样分为两种情况。

当求解目标函数最大化问题时：

$$F(X) = \begin{cases} f(x) - C_{\min} & f(x) \geq C_{\min} \\ 0 & f(x) < C_{\min} \end{cases}$$ (9-3)

当求解目标函数最小化问题时：

$$F(X) = \begin{cases} C_{\max} - f(x) & f(x) \leq C_{\max} \\ 0 & f(x) > C_{\max} \end{cases}$$ (9-4)

式中：$C_{\min}$ 为目标函数的最小估值；$C_{\max}$ 为目标函数的最大估值。

界限构造法会将适应度函数值转化到一定的区间范围内,这种转化可能会导致一些原本适应度较高的个体被强制限制在较低的适应度值上,从而可能导致算法的收敛速度变慢。界限构造法中选择合适的界限值往往需要靠经验或者大量的试验,否则可能会导致结果的不准确或不理想。

3. 倒数构造法

倒数构造法与界限构造法相似,都是通过引入一个界限值来计算适应度,构造方法分两种情况。

当求解目标函数值最大化问题时：

$$F(X) = \frac{1}{1 + C - f(x)} \quad [C - f(x) \geq 0 \text{ 且 } C \geq 0]$$ (9-5)

当求解目标函数值最小化问题时：

$$F(X) = \frac{1}{1 + C + f(x)} \quad [C + f(x) \geq 0 \text{ 且 } C \geq 0]$$ (9-6)

式中：C 为目标函数保守估计界限值。

倒数构造法是在适应度函数中引入了倒数运算,这可能导致一些问题。如果某个个体的适应度接近于0,则其对应的适应度值会变得非常大,这会导致该个体在选择和交叉过程中被高度优先选择,从而降低算法的多样性。此外,对于适应度值相等的个体,倒数构造法可能会导致其中某些个体的适应度值变得非常大,而其他个体的适应度值变得非常小,从而产生非常不平衡的选择压力。因此,倒数构造法在一些情况下可能不适用,需要根据具体问题进行调整或选择其他适应度函数构造方法。

9.3.4　选择操作

选择操作是指每一代从种群中选择一定数量的个体用于繁殖下一代的过程。选择操作的目的是让适应度高的个体有更高的概率被选中,从而使种群逐渐向着更优的方向演化。采用合理的选择操作可以提高算法的效率,常见的遗传算法选择操作有以下几种方法。

1. 轮盘选择法

轮盘选择法是遗传算法中常用的选择操作方法之一,其基本思想是将个体适应度值作为选择概率,并按照概率大小将个体加入下一代种群中。通过这种方法,适应度高的个体被选择的概率更大,有更高的机会被遗传到下一代种群中。相比于其他选择操作方法,轮盘选择法具有计算简单、易于实现的特点。然而,该方法也存在着一些问题,如容易导致种群早熟和过度收敛,同时在处理适应度值相同的个体时,轮盘选择法无法有效区分个体之间的优劣差异。因此,在使用轮盘选择法时,需要结合实际情况,采用一些改进方法进行优化,如缩小选择概率范围、引入竞争选择机制等。

2. 锦标赛选择法

锦标赛选择法是从当前种群中随机选择一定数量的个体,对适应度值大小进行比较,将适应度最好的个体选择为下一代种群成员。这里的"锦标赛"就是指从当前种群中进行一场个体间的比较,"胜利者"被选中参与下一代种群的交叉和变异操作。具体来说,锦标赛选择法的操作过程如下:

(1)从当前种群中随机选择一定数量的个体(通常选择2~4个)作为竞争者。

(2)比较这些个体适应度值大小,选择适应度最好的个体作为下一代种群成员。

(3)重复进行步骤1和2,直到选择出足够数量的下一代种群成员。

与轮盘选择法相比,锦标赛选择法更加适合在种群规模较小的情况下使用,因为在小规模种群中,轮盘选择法容易导致选择概率过于集中,从而降低种群多样性。而锦标赛选择法通过随机选择一定数量的个体进行比较,能够有效地增加种群多样性,避免早熟和过度收敛的问题。锦标赛选择法的缺点是选择操作的压力集中在少数个体身上,因此在竞争数量选择不当时容易导致选择出的个体适应度低,影响算法的收敛性。同时,锦标赛选择法的实现也相对复杂,需要进行参数的调整和优化。

3. 最佳个体保留法

最佳个体保留法是将当前种群中适应度值最好的若干个体直接遗传到下一代,以保留当前最优解。该方法通常在遗传算法的后期使用,可以帮助算法更快地找到全局最优解。具体操作方式:先将当前种群按照适应度值进行排序,选取其中适应度值最好的若干个个体,将它们直接遗传到下一代。同时,其余的个体仍按照选择概率进行选择,并参与交叉和变异操作。最佳个体保留法可以保留种群中的最优解,提高算法的收敛速度和全局搜索能力,但容易出现早熟现象。

4. 随机选择法

随机选择法是指随机地从当前种群中选择一定数量的个体,然后从这些个体中选择适应度最好的个体加入下一代种群中。由于该方法在选择过程中没有考虑个体的适应度大小,因此可能会选择一些适应度较差的个体,导致算法的性能下降。然而,随机选择也有一些优点。一方面,它能够确保选择过程的多样性,避免种群中适应度相似的个体被过度选择;另一方面,该方法计算简单,易于实现,特别是在大规模优化求解问题中,而计算轮盘选择或锦标赛选择等方法的成本可能会较高。在实际应用中,随机选择法通常与其他选择方法结合使用,以增加算法的多样性。例如,在保留精英个体的情况下,随机选择其他个体,以确保种群中的多样性和探索能力。

9.3.5　交叉操作

交叉操作是将两个个体的基因进行交换,产生新的个体,进而增加种群的多样性。该操作是遗传算法中的一个重要操作,其目的是利用种群中已有的优良特征,生成具有更好适应度的新个体。交叉操作是遗传算法的核心,不同的交叉方式会影响算法的搜索性能。

交叉操作主要涉及两个方面,一是交叉点位,二是交叉方式的选择。常见的遗传算法交叉操作有以下几种方法。

1. 单点交叉

单点交叉是交叉操作中最常用的一种方法,随机选择一个交叉点,将两个父代个体的基因在该点进行交换,生成两个新的子代个体,如图9-2所示。

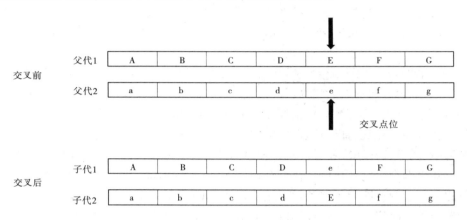

图9-2　单点交叉示意

2. 两点交叉

两点交叉是随机选择两个交叉点,在这两个交叉点之间将两个父代个体的基因进行切割,并交换两个切割段的位置,生成两个新的后代个体,如图9-3所示。

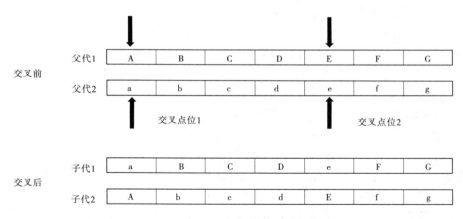

图9-3　两点交叉示意

3. 均匀交叉

均匀交叉的基本思想是将两个父代个体基因中的每一位都随机地选取其中一个,并将其对应的基因位合并生成新的子代个体。在均匀交叉中,每个基因位的选择概率相同,因此可以保证所有基因位的信息都能够充分地参与到交叉操作中。与其他交叉操作方法相比,均匀交叉的变异率相对较低,因此可以有效地保持种群的多样性。需要注意的是,均匀交叉可能会导致基因位之间的信息互相干扰,从而降低算法的性能。因此,设计合适的交叉概率以及交叉方式非常重要。

4. 算术交叉

算术交叉是指将两个个体线性组合,从而形成新的个体。个体通常采用实数编码。个体 X_A^t、X_B^t 算术交叉后产生新个体的定义式如式(9-7)所示。

$$\begin{cases} X_A^t = \alpha X_B^t + (1 - \alpha) X_A^t \\ X_B^t = \alpha X_A^t + (1 - \alpha) X_B^t \end{cases} \tag{9-7}$$

9.3.6　变异操作

变异操作是指在交叉操作后,对某些个体的基因进行改变,以增加种群多样性和避免陷入局部最优解。变异操作一般是在个体基因位中随机选取某些位点,并对其进行变异,变异的方式一般是将该位点的基因值随机变为其他可能的取值。在实际应用中,需要对变异概率进行适当的设置和调整,以平衡算法的多样性和收敛速度,防止变异概率过高或过低而导致种群优化失败的情况。具体的变异操作方法可以根据问题的性质和需求而定,常见的遗传算法变异操作有以下几种方法。

1. 基本位变异

基本位变异指在个体基因位上的一个随机位置随机改变一个基因的值。该操作通常是在变异概率的控制下执行的,例如可以将变异概率取值设置为 0.01。基本位变异可以使种群个体多样性增加,尽量避免种群过早陷入局部最优解,从而增加遗传算法的全局搜索能力。需要注意的是,变异概率的取值设置要适当,过高或过低都会对算法的效率产生负面影响。同时,变异操作的位置和方式也需要谨慎选择,以避免不必要的计算资源浪费。基本位变异示意如图 9-4 所示。

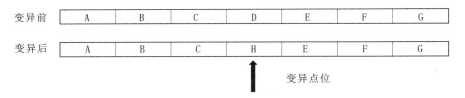

图 9-4　基本位变异示意

2. 均匀变异

均匀变异也是随机选择个体的一个基因位,然后将其按照一定的概率进行变异。与基本位变异不同的是,均匀变异将变异概率均匀地分配到基因的每一位上,而不是只对一个基因位进行变异。具体来说,均匀变异将每个基因位的变异概率设为相同的值,然后随机生成一个 0~1 之间的实数作为判断该基因位是否进行变异的阈值。若该随机数小于基因位的变异概率,则该基因位发生变异,若该随机数大于或等于基因位的变异概率则不发生变异。由于均匀变异对每个基因位的变异概率相同,从而有效保持了种群的多样性。同时,均匀变异也不会破坏基因位之间的相关性,因为每个基因位都有可能被变异。但是,由于均匀变异的概率分配是相同的,因此可能会导致变异的程度过小或过大,需要合理地设置变异概率取值以平衡变异程度和搜索效率。

3. 边界变异

边界变异是基于均匀变异的一种变异方法。在均匀变异中,新基因的取值范围是基因位所允许的全部取值范围。而边界变异则是在变异时,将新基因的取值范围限制在基因位的两个对应边界基因之一,以避免基因超出合理的取值范围。具体来说,在边界变异中,首先需要确定每个基因位的取值范围。然后,对于每个要进行变异的个体,从其基因位所允许的取值范围内选择一个边界基因,并将其替代原有的基因值。如果原有的基因值本身就是边界基因,那么只需要随机选择一个相邻的基因值进行替代即可。边界变异在遗传算法中被广泛使用,特别是在优化问题中,因为在这些问题中,基因通常具有一定的物理或逻辑含义,超出取值范围可能会导致方案不可行或无效。因此,边界变异操作可以确保每个基因的取值都在合理的范围内,从而提高算法的收敛性和优化效果。

9.3.7　遗传算法终止条件

遗传算法的运算求解过程是一个不断循环、迭代计算的过程,在这个过程中算法不断寻找适应度较高的解,以逐步接近最优解。在循环计算的过程中,如果没有设置合理的终止条件,就有可能陷入无限循环的情况,从而无法得到有效的解。因此,设置终止条件是遗传算法求解步骤设计中的一个重要环节。一般来说,遗传算法的终止条件设置有以下几种方法:

(1)达到最大迭代次数。设定一个最大的迭代次数,当算法迭代次数达到该值时,停止算法的继续执行。

(2)找到最优解。当遗传算法找到了一个优于预先设定的阈值的解时,结束运行并输出结果。

(3)短时间内未找到更优解。设定一个时间段,在该时间段内,若算法未找到更优的解,结束运行并输出结果。

(4)稳定性达到一定的阈值。在连续若干代的种群中,最优解的适应度值变化不大,达到一定的稳定性时,结束运行并输出结果。

(5)达到计算资源限制。当算法占用的计算资源(如内存、CPU 时间等)达到预先设定的限制时,结束运行并输出结果。

在设置遗传算法终止条件时,需要注意以下几点:

(1)终止条件要与问题本身切实相关,不能过于宽泛或是狭隘,以免导致算法效率低下或无法求解。

(2)考虑算法的收敛性和稳定性。算法的收敛性和稳定性是终止条件设置的重要考虑因素。如果算法收敛得太慢或不稳定,可能需要增加迭代次数或进行其他调整,以确保算法能够达到预期的收敛效果,综合考虑算法的迭代次数、收敛速度、计算时间、空间复杂度等,保证算法的可靠性和鲁棒性。

9.4　河西地区菘蓝调亏灌溉决策优化模型建立

9.4.1　菘蓝调亏灌溉水分生产函数

作物的耗水量和产量大体上呈现二次函数关系,即随着作物耗水量的增大,作物的产量也不断增大,但当作物的耗水量增大到一定值时,若仍继续增大,则作物的产量将不再增加,反而会减产。在调亏灌溉下,菘蓝在不同生育阶段水分亏缺对产量的影响程度不同。调亏灌溉过程中,虽然水分供应不足,但并不会导致作物显著减产,反而可以刺激作物的抗旱性。为了探究作物生长与水分之间的关系,引入了作物水分生产函数的概念,水分生产函数模型也称为作物−产量模型,是一种能够有效建立作物水分与产量关系的数学模型,可用于解决不同灌溉处理下作物各阶段灌溉量的优化分配问题。国内外主要的水分生产函数模型有全生育期模型和各生育阶段模型。Jensen 模型是一种常见的水分生产函数模型,属于乘法模型,以作物各生育阶段需水量为自变量。与 Blank 的加法模型不同,乘法模型充分考虑作物各生育阶段水分亏缺之间的相互作用,表明作物某个生育阶段因水分亏缺对产量的损失不仅与该生育阶段的水分亏缺程度有关,而且与其他生育阶段息息相关,符合作物生长特性。以作物水分生产函数 Jensen 模型为基础,在水资源受约束条件下,将产量最高作为目标,合理分配各生育阶段灌溉量,构建菘蓝调亏灌溉水分生产函数:

$$Y_a = Y_m \times \prod_{i=1}^{n} \left(\frac{\mathrm{ET}_{ai}}{\mathrm{ET}_{mi}} \right)^{\lambda_i} \tag{9-8}$$

式中:Y_a 为各生育期不同调亏灌溉条件下的实际产量,kg/hm^2;Y_m 为各生育期均充分灌溉条件下的实际产量,kg/hm^2;ET_{ai} 为不同调亏灌溉条件下的第 i 个生育期的实际耗水量,mm;ET_{mi} 为充分灌溉条件下的第 i 个生育期的耗水量,mm;i 为菘蓝生育期标识数;λ_i 为菘蓝生育期标识数是 i 的 Jensen 模型水分敏感指数。

约束条件为

每个生育期灌水量:

$$W_{imin} \leqslant W_i \leqslant W_{imax} \tag{9-9}$$

全生育期总灌水量:

$$W_{imin} \leqslant \sum_{i=1}^{n} W_i \leqslant W_{imax} \tag{9-10}$$

式中:W_{imin} 为第 i 个生育期设计控制下限;W_{imax} 为第 i 个生育期设计控制上限。

9.4.2　菘蓝田间土壤水量平衡方程

田间土壤含水量的动态变化是调亏灌溉的一个研究重点,田间土壤水量平衡方程是指在一定的面积和厚度的土壤层,在一段时间内,土壤含水量的变化等于进入和流出土壤层的水分之差,影响土壤含水量变化的因素较多,不仅与气象因素、土壤类型和持水能力有关,还与作物的生育阶段密切相关。

河西地区是典型的半干旱荒漠气候,降水稀少,蒸发强烈,地下水埋深较深。在水资源受约束的情况下,地下水补充及深层渗透量可忽略不计。田间土壤水量平衡方程可简化为

$$W_i = ET_i - EP_i - IMC \tag{9-11}$$

式中:W_i 为第 i 个生育期实际灌水量,mm;ET_i 为第 i 个生育期实际耗水量,mm;EP_i 为第 i 个生育期有效降水量,mm;IMC 为农田初始含水量,mm。

约束条件为

$$
菘蓝第 i 个生育期实际灌水量 =
\begin{bmatrix}
设计控制下限 & 设计控制下限 & & 设计控制下限 \\
第1个生育期充分灌水量 & 第2个生育期充分灌水量 & \cdots & 第 i 个生育期充分灌水量
\end{bmatrix} \tag{9-12}
$$

合理的生育期轻度调亏灌溉不会对菘蓝产量造成显著影响,且有利于提升菘蓝品质,但中度调亏或重度调亏灌溉会导致产量降低,调亏程度越大降幅越大。菘蓝的根系主要分布在 0~50 cm 土层内,土壤含水量最大值一般在 40 cm 左右土层中,故计划湿润层土壤内的水分取 0~60 cm 土层土壤水分的平均值。单次灌水量公式为

$$W = 10\lambda H_P P(\theta_i - \theta_j) \tag{9-13}$$

式中:W 为灌水量,mm;λ 为计划湿润层土壤容积密度,g/cm^3;H_P 为计划湿润层深度,cm;P 为灌溉土壤湿润比(%);θ_i 为控制含水率上限(%);θ_j 为灌水前土壤含水率(%)。

在土壤中设置传感器,当田间土壤含水量低于含水率下限时结合气象数据进行判断,若设置时间内无有效降水,则进行灌溉,灌水量公式为

$$W = \frac{W_i}{D_i} \times DE_i \tag{9-14}$$

式中:W 为单次灌水量,mm;W_i 为第 i 个生育期实际灌溉水量,mm;D_i 为第 i 个生育期上次灌水日至生育期结束总天数,d;DE_i 为第 i 个生育期内距上次灌水日已过天数,d。

约束条件为

菘蓝种植前一天(生育阶段划分上属于苗期)单次灌溉:

土壤实际含水率 == 土壤设计控制含水率上限 or 单次灌水量 == $10\lambda H_P P(\theta_i - \theta_j)$

$$\tag{9-15}$$

菘蓝各生育期内单次灌溉:

土壤实际含水率 == 土壤设计控制含水率上限 or 单次灌水量 == $10\lambda H_P P(\theta_i - \theta_j)$

$$\tag{9-16}$$

实际种植中,菘蓝全生育期的可用水资源总量会随着有效降水量、水资源调配政策等因素的变化而发生变动,这就要求调亏灌溉决策需及时做出合理调整。

9.4.3　菘蓝经济效益模型

作物的经济效益是指通过种植生产和销售作物所获得的经济回报,这个经济回报是通过将作物的产量与销售价格相乘得到的。作物的经济效益可以通过多种方式来衡量,其中最常见的方法是计算作物的净收益和投资回报率。作物的净收益是指作物销售收入减去生产成本之后所得到的金额。生产成本包括土地、种子、肥料、农药、灌溉水费、人工

费和材料设备等费用。作物的净收益越高,就代表着作物的经济效益越好。投资回报率是指通过种植作物所获得的利润与投资成本之比,投资成本要素与生产成本要素几乎一致,多数情况下会更加注重资金成本的考虑。如果作物的投资回报率高,就代表着作物带来的经济效益也比较高。作物的经济效益还可以通过其他指标来衡量,比如单位面积作物产量、单产收益等。影响作物经济效益的因素有很多,作物生长环境及市场需求的变化都会对作物的经济效益产生重大影响。需要根据实际情况来选择合适的衡量指标,以实现最大的经济效益。

菘蓝种植对环境要求不严,耐贫瘠、耐干旱,具有一定的抗病虫害能力,为满足高品质菘蓝种植要求,对于病虫害主要采用"预防为主、综合防治"的植保方针,优先采用物理防治、生态调控的方法,尽量减少或避免农药等化学试剂的使用,本节主要分析灌溉成本在菘蓝经济效益模型中的影响,故在构建菘蓝经济效益模型中未将农药等列为影响因素。

菘蓝经济效益通过单位面积生产资料成本与销售作物之间的货币化差值来计算,公式为

$$EP = GCA \times UP - [SUP \times SQ \times GCA + W_a(MWC + CWR) + GCA(LC + MEC + FC)] \tag{9-17}$$

式中:EP 为经济效益,元/hm^2;GCA 为种植总面积,hm^2;UP 为菘蓝干根单价,元/hm^2;SUP 为种子单价,元/kg;SQ 为用种量,kg/hm^2;W_a 为全生育期总灌溉水量,mm;MWC 为计量水费,元/m^3;CWR 为水资源费,元/m^3;LC 为人工费,元/hm^2;MEC 为材料设备费,元/hm^2;FC 为肥料费,元/hm^2。

9.4.4　菘蓝调亏灌溉水分生产函数

求解对象为河西地区菘蓝调亏灌溉决策优化模型,目标是在调亏灌溉或充分灌溉的情况下合理分配菘蓝各生育阶段灌溉水量,实现最高产量,提高水分利用效率。Java 语言可以在多种操作系统上运行,具有跨平台性强、安全性高、代码可读性好、易于维护和管理的特点。因此,本书采用 Java 语言来实现遗传算法对灌溉决策优化模型的求解,具体步骤设计如下。

(1)编码操作。

得益于对菘蓝调亏灌溉研究的数据积累,可以准确地设置调亏灌溉过程中菘蓝各项生理参数的取值范围,故采用实数编码,以便简单清晰地表示各生育期灌溉量,且在进行判断和比较的过程中不会额外占用计算资源。

(2)初始化种群。

生成的每一个个体都代表着一种灌溉决策,共同构成种群。菘蓝作为一种中药材,若在某一生育阶段灌溉量分配不能满足菘蓝的最低萎蔫系数,则会导致菘蓝的大幅减产甚至死亡,该灌溉决策无效;若在某一生育阶段灌溉量分配超过该生育期菘蓝的最大腾发量,则会导致水资源的浪费,该灌溉决策无效。根据上述原因,可在初始化种群时,对个体生成进行约束,以提升种群整体适应度,为后面的交叉操作、变异操作提供优质个体。种群规模越大,越有可能收敛于最优解,但是过大的种群规模会降低运算效率,根据经验将种群规模数量设置为100,校验后再进行更正。

(3)适应度函数。

以实现菘蓝不同灌溉策略下的最高产量为目标,故采用 Jensen 模型即式(9-8)作为适应度函数,用来评价每一个灌溉决策的优劣程度。

(4)选择操作。

采用最佳个体保留法与随机选择法相结合的方式,确保每一代种群中灌溉决策最优的个体都能被保留到下一代中,防止最优解被破坏,同时将种群中灌溉决策最劣个体淘汰。

(5)交叉操作。

采用均匀交叉的方法,以保证每个生育期的灌溉量都有相同的概率被选中进行交叉操作,并对新产生的灌溉决策每个生育期灌溉量进行检查,若该生育期的灌溉量不处于菘蓝该生育期内的重度亏缺灌溉量与充分灌溉量之间,或各生育期灌溉量之和超过菘蓝全生育充分灌溉总量,则判断新产生的灌溉决策无效,并将数值回滚至交叉操作以前。

为解决交叉概率取值过大或过小所带来的弊端,本书采用改进后的自适应遗传算法,使 P_C 取值能随种群适应度自适应改变,同时避免当个体适应度趋近于最大适应度时,P_C 取值也趋近于零的情况,这样会导致种群迭代进化初期的优良个体变化很少,从而增加了陷入局部最优解的风险。交叉概率取值公式如下:

$$P_C = \begin{cases} P_{C1} - \dfrac{(P_{C1} - P_{C2})(f' - f_{avg})}{f_{max} - f_{avg}} & f' \geqslant f_{avg} \\ P_{C1} & f' < f_{avg} \end{cases} \quad (9\text{-}18)$$

式中:f_{max} 为种群中最大个体适应度;f_{avg} 为种群的平均个体适应度;f' 为需要进行交叉操作的两个个体中较大的个体适应度;P_{C1} 为第 1 阶段交叉概率,取 0.9;P_{C2} 为第 2 阶段交叉概率,取 0.6。

(6)变异操作。

采用均匀变异的方法,增加种群多样性,防止早熟收敛。在个体变异的过程中对变异基因位及变异值进行检查,即检查发生变异的菘蓝某一生育阶段灌溉量是否在重度亏缺灌溉量与充分灌溉量之间,变异后的各生育阶段灌溉量之和是否小于充分灌溉下的灌溉总量,若不满足上述条件,则要求该个体重新变异,直至变异成功或触发计时器后,放弃对该个体的变异操作。

变异操作中若变异概率 P_m 取值过大,则遗传算法就变成了随机搜索法;若 P_m 取值过小,则不易产生新的个体,传统根据经验对不同问题设置合适的 P_m 值,需反复进行多次实验才能找到,且固定的 P_m 取值,无法根据种群迭代变化特点进行自适应调整,影响算法的性能和效果。因此,同上述交叉操作中的交叉概率 P_C 取值一样,使 P_m 取值随种群适应度自适应改变,且避免 P_m 取值接近或等于零的情况,防止进化初期的优良个体处于一种几乎不发生变化的状态,变异概率取值公式为

$$P_m = \begin{cases} P_{m1} - \dfrac{(P_{m1} - P_{m2})(f - f_{avg})}{f_{max} - f_{avg}} & f' \geqslant y f_{avg} \\ P_{m1} & f' < f_{avg} \end{cases} \quad (9\text{-}19)$$

式中:f_{max} 为种群中最大个体适应度;f_{avg} 为种群的平均个体适应度;f 为被选中需要进行变

异操作个体的适应度；P_{m1} 为第 1 阶段变异概率，取 0.1；P_{m2} 为第 2 阶段变异概率，取 0.01。

Java 语言实现遗传算法概要流程如图 9-5 所示。

```
19          int generationCount = 1;
20   ▶  public static void main(String[] args) {
21              SimpleDemoGA demo = new SimpleDemoGA();
22              //初始化种群
23              demo.population.initializePopulation();
24              //计算每个个体的实际产量
25              demo.population.calculateFitness();
26              //种群获得产量最高的个体
27              while (true) {
28     /*...*/
34                  if (demo.generationCount < demo.count) {
35                      //                  迭代数加1
36                      ++demo.generationCount;
37                  } else {
38                      break;
39                  }
40                  //选择运算
41                  demo.selection();
42                  //向种群添加适应度最高的后代
43                  demo.addFittestOffspring();
44                  //交叉操作
45                  demo.crossover();
46                  //变异操作
47                  demo.mutation();
48                  //计算新的适应度值
49                  demo.population.calculateFitness();
50              }
51     /*...*/
```

图 9-5　Java 语言实现遗传算法概要流程

9.5　本章小结

本章介绍了菘蓝调亏灌溉决策优化模型的构建，以及遗传算法针对该模型问题求解的优化和求解步骤设计。基于水分生产函数 Jensen 模型构建调亏灌溉方式下的菘蓝生产函数模型，并结合田间土壤水量平衡方程构建自适应遗传算法中的适应度函数，同时根据河西地区菘蓝种植实际情况，设置灌溉过程中的约束条件，如单次灌溉量上下限，某一生育阶段灌溉量上下限等，以提高遗传算法的收敛速度和收敛质量。构建菘蓝经济效益模型用于评估菘蓝经济效益及种植过程中灌溉用水成本对经济效益的影响。在遗传算法设计中根据菘蓝灌溉问题特性进行优化，如采用实数编码、最佳个体保留法、交叉和变异概率在求解过程中随种群适应度自适应变化等。为制定科学合理的菘蓝调亏灌溉决策打下基础。

第 10 章　粒子群算法在河西地区菘蓝水氮模式优化研究中的应用

本章使用的粒子群算法是一种模拟觅食特性的进化算法。粒子群算法是一种寻优算法,可适用于各类实际问题的求解,具有原理简单、实现容易、参数少等优点。以鸟飞向栖息地为例,一开始一只鸟都没有特定的飞行目标,只能通过简单的规则确定自己的飞行方向和飞行速度,当有一只鸟到栖息地时,它周围的鸟也跟着飞向栖息地,最终整个鸟群都会落在栖息地。在捕食过程中,鸟群成员可以通过个体之间的信息交流与共享和其他成员的发现与飞行经历,朝着最优位置移动。

粒子群算法具有易操作和收敛快等优点,但也存在因其收敛快而导致的易陷入局部最优值,以及算法在多局部峰值场景中的精确性不高等问题。研究者们进行了针对性的研究和改进,形成了若干改进算法。带有惯性权重的粒子群优化算法和带有压缩因子的粒子群优化算法是最经典的改进 PSO 算法,其他的改进算法一般都是在此基础上结合其他办法或是针对参数进行修改来获得新的改进算法。例如,基于克隆选择的粒子群优化算法,针对多目标优化问题的粒子群优化算法,针对参数进行自适应选择的算法等。

10.1　智能算法在水氮调控中的应用现状

从水肥耦合研究的论文数量来看,从 2011 年开始数量逐步增加,表明水肥耦合研究逐渐受到重视。周智伟等以各生长阶段的腾发量和施氮量为模型的基本输入,以作物产量为基本输出,确立了 BP_ANN 神经网络的冬小麦水氮生产函数模型。龚少红等提出了神经网络 DBP 动态模型。Xun W 等将植物水分亏缺指数与日水敏感指数相结合提出新的作物水分生产函数,利用遗传算法模拟确定水分亏缺阈值,以便及时触发灌溉。孙爱华等综合考虑不同水分和氮肥用量对水稻产量的影响,建立了水氮生产函数的 Jensen 模型,得到了较高的拟合度。Pavitra K 等利用 ACO-ENN 混合模型改进氨氮预测模型的预测结果,提高硝态氮和氨氮的预测精度。李文惠等采用二次回归设计,在水、肥精准控制条件下研究了土壤湿度和施氮量对春玉米产量、耗水量及水分利用效率的影响。结果表明,水氮相互作用对玉米产量的影响显著,产量随施氮量的增加呈先增大后减小的趋势。分析产量模型可知,当施氮量为 462 kg/hm² 时,玉米产量可达 15 142 kg/hm²。邓庆玲等研究滴灌条件下脐橙产量和品质的水肥生产函数时,利用 W×F-Jensen/Minhas/Rao 模型模拟产量和品质与不同生育期耗水耗肥量的关系,评价模型对滴灌水肥一体化下脐橙产量和品质的预测性能,进而提出最优水肥-产量/品质模型。

尹希等使用 Jensen、Minhas 和 Blank 等 5 种生产函数模型研究了南方水稻的水分-产量关系。任秋实等利用水分生产函数研究了不同生育期水分亏缺处理对宁夏扬黄灌区马铃薯作物耗水量和产量的影响。辛忠伟设计了基于 PLC 的水肥一体化自动控制系统,实现果园作物灌溉施肥的精准控制,采用混合蚁群算法调节混肥罐中的 pH 值,将 pH 值控制在作物生长的最适宜范围内,实现 pH 值的精准控制。崔兴华以玉米生产中存在的问题为导向,设计并实现基于神经网络的玉米水肥智能决策系统。Hui W 等通过研究,建立了灌溉和施肥计划联合优化模型,可用于灌溉和施肥管理。最佳灌溉和施肥计划指出,在低肥力土壤中,灌溉应集中在玉米的抽穗阶段;在高肥力土壤中,灌溉应集中在整个生长期。此框架提高了水氮利用率。吴卫熊等研究甘蔗水肥效应及生长参数时,建立了不同水肥条件下甘蔗水分胁迫经验模型的干边方程和湿边方程,并构建了基于无人机热红外数据和多种机器学习回归算法的甘蔗水分胁迫模型和蔗田土壤水分监测模型,筛选出检测效果较优的机器学习回归算法。

10.2　粒子群算法基本理论

粒子群算法在模拟鸟群觅食的过程中,每个优化问题的潜在解都是搜索空间中的一只鸟(粒子),所有的粒子都有一个由被优化的函数决定的适应度值,每个粒子有一个速度决定它们的飞翔方向和距离,然后粒子们(鸟群)就追随当前的最优粒子在解空间中搜索。

假设在一个 D 维的目标搜索空间中,有 N 个粒子组成一个群落,其中第 i 个粒子表示为一个 D 维的向量:

$$\boldsymbol{X}_i = (x_{i1}, x_{i2}, \cdots, x_{iD}) \quad (i = 1, 2, \cdots, N)。$$

第 i 个粒子的"飞行速度"也是一个 D 维向量,记为:

$$\boldsymbol{V}_i = (v_{i1}, v_{i2}, \cdots, v_{iD}) \quad (i = 1, 2, \cdots, N)。$$

在第 t 代的第 i 个粒子向第 $t+1$ 代进行时,根据式(10-1)、式(10-2)更新:

$$v_{ij}(t+1) = w v_{ij}(t) + c_1 r_1(t)[p_{ij}(t) - x_{ij}(t)] + c_2 r_2(t)[p_{gj}(t) - x_{ij}(t)] \quad (10\text{-}1)$$

$$x_{ij}(t+1) = x_{ij}(t) + v_{ij}(t+1) \quad (10\text{-}2)$$

从上述公式中可以看出,粒子速度更新公式包含了 3 部分:第一部分为粒子在前一时刻的速度;第二部分为粒子的自我认知部分,即将现有位置与曾经经历过的最优位置相比;第三部分为粒子的社会认知部分,表示粒子间的信息共享与相互合作。

在 n 维连续搜索空间中,对粒子群中的第 $i(i=1, 2, \cdots, m)$ 个粒子进行,定义:

$x^i(k) = [x_1^i, x_2^i, \cdots, x_n^i]^\mathrm{T}$:搜索空间中粒子的当前位置。

$p^i(k) = [p_1^i, p_2^i, \cdots, p_n^i]^\mathrm{T}$:该粒子至今所获得的具有最优适应度 $f_p(k)$ 的位置。

$v^i(k) = [v_1^i, v_2^i, \cdots, v_n^i]^\mathrm{T}$:该粒子的搜索方向。

每个粒子经历过的最优位置记为 $p^i(k) = [p_1^i, p_2^i, \cdots, p_n^i]^\mathrm{T}$,群体经历过的最优位置记为 $p^g(k) = [p_1^g, p_2^g, \cdots, p_n^g]^\mathrm{T}$,则基本的 PSO 算法为

$$v_j^i(k+1) = v_j^i(k) + \varphi_1 \mathrm{rand}(0, a_1)[p_j^i(k) - x_j^i(k)] + \varphi_2 \mathrm{rand}(0, a_2)[p_j^g(k) - x_j^i(k)]$$
$$(10\text{-}3)$$

$$x_j^i(k+1) = x_j^i(k) + v_j^i(k+1) \quad (10\text{-}4)$$

式中:φ_1、φ_2 为加速度常数,均为非负值;$\mathrm{rand}(0, a_1)$、$\mathrm{rand}(0, a_2)$ 为 $[0, a_1]$、$[0, a_2]$ 范

围内的具有均匀分布的随机数;a_1、a_2 为相应的控制参数。

10.3 改进的粒子群算法

目前,最常用的改进方法有加入惯性因子和收缩因子两种。Shi 等在式(10-3)中引入了惯性权重 w ,则该式变为

$$v_j^i(k+1) = w(k)v_j^i(k) + \varphi_1 \mathrm{rand}(0, a_1)[p_j^i(k) - x_j^i(k)] \tag{10-5}$$

惯性权重描述了粒子上一代速度对当前速度的影响。控制其取值的大小可调节 PSO 算法的全局与局部寻优能力。其值越大,全局寻优能力越强,局部寻优能力越弱;反之,局部寻优能力越强,全局寻优能力越弱。对于 w 的取值,一般为线性递减,运算如式(10-6)所示,除此之外还有指数递减策略等,在此不做详细介绍。

$$w(k) = w_s - \frac{T_c}{T_m}(w_s - w_e) \tag{10-6}$$

式中:w_s 为起始惯性权重;w_e 为结束惯性权重;T_c 为当前迭代深度;T_m 为最大迭代深度。

10.4 粒子群算法的实现过程

在将实际问题转化为粒子群算法可进行求解运算的过程中,主要包括以下步骤:

步骤 1,在允许范围内随机设置每个粒子的初位置与速度。

步骤 2,计算每个粒子的目标函数。

步骤 3,设置每个粒子的 p_i 。对每个粒子,将其适应度与其经历过的最好位置 p_i 进行比较,若优于 p_i ,则将其作为该粒子的最好位置 p_i 。

步骤 4,设置全局最优 p_g 。在所有粒子更新完历史最优速度 p_i 之后,将每个粒子的适应度值与群体最优值 p_g 进行比较,若优于 p_g ,则更新 p_g 。

步骤 5,使用式(10-1)和式(10-2)更新粒子的速度(v_j^i)与位置(x_j^i)。

步骤 6,检查终止条件。若未达到设定条件(预设误差或者迭代的次数),则返回步骤 2。粒子群算法运算流程如图 10-1 所示。

10.4.1 初始化种群

在粒子群算法中,初始化种群是算法的第一步。种群由一定数量的个体组成,每个个体都代表着一个可能的解决方案,因此初始化种群是生成一个初始解集的过程,该解集将作为粒子群算法的初始化种群。初始化种群的目标是尽可能涵盖搜索空间,以便更有可能找到最优解。初始化种群的方法通常有两种:随机初始化和启发式初始化。随机初始化是常用的初始化种群方法。该方法简单地从搜索空间中随机生成个体,并将它们作为初始种群。本书采用此方法确定种群粒子参数。

10.4.2 构造适应度函数

适应度函数用来评估每个个体的优劣程度,是决定个体是否能被遗传到下一代的重

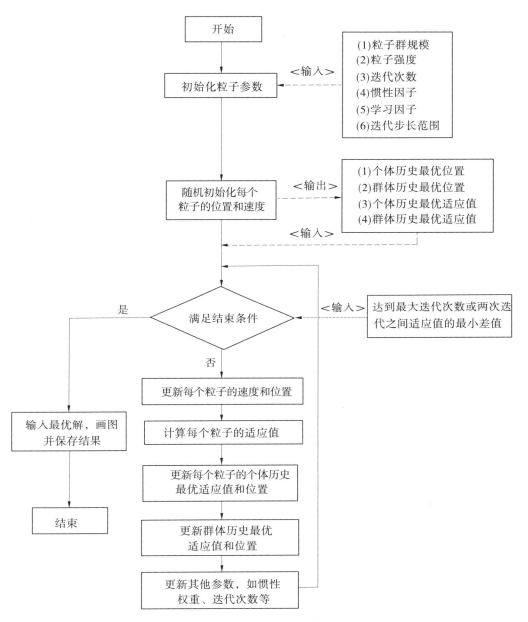

图 10-1　粒子群算法运算流程

要依据。构造适应度函数的主要目的是将问题的优化目标转化为数学表达式进行评估指标,使得个体的优劣可以被量化和比较。适应度函数的好坏直接影响算法的效率和求解精度。常见的适应度函数构造方法有以下几种。

1. 直接转化法

将问题的目标函数直接转化为适应度函数的方法即为直接转化法。

当求解目标最大化问题时:

$$F(X) = f(x) \tag{10-7}$$

当求解目标最小化问题时：

$$F(X) = -f(x) \tag{10-8}$$

式中：$F(x)$ 为适应度函数；$f(x)$ 为问题的目标函数。

直接转化法的优点是简单易行，可以很快地构造出适应度函数。缺点是需要预先知道目标函数的取值范围，如果取值范围过大或过小，会导致适应度函数的分辨率过低或过高，影响算法的搜索效率。此外，直接转化法不能很好地反映目标函数的局部性质，容易陷入局部最优解。

2. 界限构造法

界限构造法是在直接转化法基础上改进而来的方法，它通过添加相应的界限值来设计适应度函数，同样分为两种情况。

当求解目标函数最大化问题时：

$$F(X) \begin{cases} f(x) - C_{\min} & f(x) \geq C_{\min} \\ x & f(x) < C_{\min} \end{cases} \tag{10-9}$$

当求解目标函数最小化问题时：

$$F(X) = \begin{cases} C_{\max} - f(x) & f(x) \leq C_{\max} \\ 0 & f(x) > C_{\max} \end{cases} \tag{10-10}$$

式中：$C_{\min}$ 为目标函数的最小估值；$C_{\max}$ 为目标函数的最大估值。

界限构造法会将适应度函数值转化到一定的区间范围内，这种转化可能会导致一些原本适应度较高的个体被强制限制在较低的适应度值，从而可能导致算法的收敛速度变慢。界限构造法中选择合适的界限值往往需要靠经验或者大量的试验，否则可能会导致结果的不准确或不理想。

3. 倒数构造法

倒数构造法与界限构造法相似，都是引入一个界限值来计算适应度。

当求解目标函数值最大化问题时：

$$F(x) = \frac{1}{1 + C - f(x)} \qquad [C - f(x) \geq 0 \text{ 且 } C \geq 0] \tag{10-11}$$

当求解目标函数值最小化问题时：

$$F(x) = \frac{1}{1 + C + f(x)} \qquad [C + f(x) \geq 0 \text{ 且 } C \geq 0] \tag{10-12}$$

式中：C 为目标函数保守估计界限值。

倒数构造法是在适应度函数中引入了倒数运算，这可能导致一些问题。如果某个个体的适应度接近于 0，则其对应的适应度值会变得非常大，这会导致该个体在选择和交叉过程中被高度优先选择，从而降低算法的多样性。此外，对于适应度值相等的个体，倒数构造法可能会导致其中某些个体的适应度值变得非常大，而其他个体的适应度值变得非常小，从而产生非常不平衡的选择压力。因此，倒数构造法在一些情况下可能不适用，需要根据具体问题进行调整或选择其他适应度函数构造方法。

10.4.3　粒子群算法终止条件

粒子群算法的运算求解过程是一个不断循环、迭代计算的过程,在这个过程中算法不断寻找适应度最高的解,以逐步接近最优解。在循环计算过程中,如果没有设置合理的终止条件,就有可能陷入无限循环中,从而无法得到有效的解。因此,设置终止条件是粒子群算法求解步骤中的一个重要环节。一般来说,粒子群算法的终止条件设置有以下几种方法:

(1)达到最大迭代次数。设定一个最大的迭代次数,当算法迭代次数达到该值时,停止算法的继续执行。

(2)找到最优解。当粒子群算法找到了一个预先设定的阈值的解时,结束运行并输出结果。

(3)稳定性达到一定的阈值。在连续若干代的种群中,最优解的适应度值变化不大,达到一定的稳定性时,结束运行并输出结果。

(4)达到计算资源限制。当算法占用的计算资源(如内存、CPU 时间等)达到预先设定的限制时,结束运行。

在设置粒子群算法终止条件时,需要注意以下几点:

(1)终止条件要与问题本身切实相关,不能过于宽泛或是狭隘,以免导致算法效率低下或无法求解。

(2)考虑算法的收敛性和稳定性。算法的收敛性和稳定性是终止条件设置的重要考虑因素。如果算法收敛得太慢或不稳定,可能需要增加迭代次数或进行调整,以确保算法能够达到预期的收敛效果,综合考虑算法的迭代次数、收敛速度、计算时间、空间复杂程度等,保证算法的可靠性和鲁棒性。

10.5　粒子群优化算法的参数分析

(1)粒子种群规模。

一般粒子种群规模视具体情况而定,一般设置为 20~50,对于比较难的问题或是特殊问题,设置为 100~200。

(2)惯性权重。

用于表达控制算法的开发和探索能力,分为固有权重和时变权重。

(3)加速度常数 (c_1, c_2)。

若 $c_1 = c_2 = 0$,则仅能搜索有限区域,难以找到最优解;若 $c_1 = 0$,容易陷入局部最优;若 $c_2 = 0$,则找到最优解概率小。

(4)粒子的最大速度。

对于速度,算法中有最大速度作为限制,若当前粒子的某速度大于最大速度,则该速度就被限制为最大速度。

(5)边界条件处理。

当超过最大位置或者最大速度时,在取值范围内随机产生一个数代替,或者将其设置为最大值,即边界吸收。

10.6　基于粒子群优化算法的河西地区菘蓝水氮调控模型

10.6.1　菘蓝水氮生产函数

　　菘蓝的灌水量和施氮量与产量呈开口向下的抛物线形关系,即随着灌水量和施氮量的增加,菘蓝产量也不断增大,但当灌水和施氮增加到最大顶点值后,产量开始下降,从而造成水资源和氮肥的无效浪费。菘蓝在不同生育阶段对水分和氮肥的需求程度不同,为了探究菘蓝生长与水氮之间的关系,在引入作物水分生产函数的基础上,加入了氮素因子。周智伟等在作物水分生产函数 Jensen 模型的基础上,引入了肥料因子构造水氮生产函数;同时王仰仁等认为不同养分状况下水分敏感指数是稳定的,即水分敏感指数累计曲线在不同施氮量条件下比较一致。

　　水氮生产函数反映作物需水量和需氮量及其相互作用对作物产量的影响。了解不同生育时期对水分和氮肥的敏感程度,有利于各生育期获得最优的水分和氮素,减少浪费,从而提高收益。

　　作物水氮生产函数有两种不同的形式:一种是描述整个生育期耗水量或吸氮量与产量之间关系的函数;另一种是考虑各生育阶段的生产函数。本书将分阶段的水分生产函数 Jensen 模型与分阶段氮素效应的 Jensen 模型相结合,构造水氮生产函数模型。模型如下:

$$\frac{Y_a}{Y_m} = \prod_{i=1}^{n}\left(\frac{ET_{ai}}{ET_{mi}} \times \frac{NC_{ai}}{NC_{mi}}\right)^{K_i} \tag{10-13}$$

式中:Y_a 为作物时间产量,kg/hm^2;Y_m 为氮素和水分充分供应时的最大产量,kg/hm^2;n 为作物生育期内人为划分的阶段,本试验 $n=4$;k_i 为水氮相互作用参数,其值越大表示该阶段缺水氮对作物的敏感性越大,反之,则越小;ET_{ai} 和 ET_{mi} 为第 i 阶段作物实际需水量和充分供水条件下的作物需水量,mm;NC_{ai} 和 NC_{mi} 为第 i 阶段作物实际吸氮量和最大吸氮量,kg/hm^2;本试验的处理个数为 10。

　　1. 菘蓝水氮生产函数的求解

　　将式(10-13)两边取 ln 对数得:

$$\ln\frac{Y_a}{Y_m} = K_i\sum_{i=1}^{n}\ln\left(\frac{ET_{ai}}{ET_{mi}} \cdot \frac{NC_{ai}}{NC_{mi}}\right) \tag{10-14}$$

　　令 $P=\ln\frac{Y_a}{Y_m}$,$A_i=\ln\left[\frac{ET_{ai}}{ET_{mi}} \times \frac{NC_{ai}}{NC_{mi}}\right]$

　　因此,式(10-14)可以表示为

$$P = \sum_{i=1}^{n}K_i \cdot A_i \tag{10-15}$$

　　采用最小二乘法,可求得满足下式的 K_i 值

$$\min I = \sum_{j=1}^{m} \left(\sum_{i=1}^{n} K_i \cdot A_i A_{ij} - P_i \right)^2 \tag{10-16}$$

令 $\dfrac{\partial I}{\partial K} = 0$，则可得：

$$2 \sum_{j=1}^{m} \left(\sum_{i=1}^{n} K_j A_{ij} - P_i \right) \cdot A_{ij} = 0 \tag{10-17}$$

可得到一组线性联立方程组：

$$\begin{cases} A_{11} K_1 + A_{12} K_2 + A_{13} K_3 + A_{14} K_4 = L_{1z} \\ A_{21} K_1 + A_{22} K_2 + A_{23} K_3 + A_{24} K_4 = L_{2z} \\ \qquad\qquad\qquad \vdots \\ A_{n1} K_1 + A_{n2} K_2 + A_{n3} K_3 + A_{n4} K_4 = L_{nz} \end{cases} \tag{10-18}$$

$$L_{iz} = \sum_{i=1}^{n} A_{ij} \cdot P_i \quad i = 1, 2, \cdots, n \tag{10-19}$$

$$R^2 = \left(\frac{\sum_{i=1}^{n} K_i \cdot A_{i, n+1}}{A_{n+1, n+1}} \right)^{\frac{1}{2}} \tag{10-20}$$

2. 菘蓝水氮生产函数求解结果

求解式（10-18），计算得出 K_i，根据式（10-20）计算得出 R^2。R^2 为 0.945，能够较好地反映出菘蓝产量和水氮之间的关系。得出在本试验条件下菘蓝水氮函数为

$$\frac{Y_a}{Y_m} = \left(\frac{ET_{a1}}{ET_{m1}} \cdot \frac{NC_{a1}}{NC_{m1}} \right)^{1.318} \left(\frac{ET_{a2}}{ET_{m2}} \cdot \frac{NC_{a2}}{NC_{m2}} \right)^{0.5369} \left(\frac{ET_{a3}}{ET_{m3}} \cdot \frac{NC_{a3}}{NC_{m3}} \right)^{1.0797} \left(\frac{ET_{a4}}{ET_{m4}} \cdot \frac{NC_{a4}}{NC_{m4}} \right)^{0.0377}$$

$$\tag{10-21}$$

式中：1、2、3、4 分别为菘蓝的苗期、营养生长期、肉质根生长期和肉质根成熟期 4 个生育期。

由式（10-21）可知，当 $K_i > 0$ 时，苗期水氮交互敏感系数最大，肉质根生长期次之，肉质根成熟期最小，说明苗期对水分和氮素最为敏感，水氮亏缺会对产量的形成造成一定的影响。

约束条件为

每个生育期的灌水量和施氮量：

$$W_{i\min} \leqslant W_i \leqslant W_{i\max} \tag{10-22}$$

$$N_{i\min} \leqslant N_i \leqslant N_{i\max} \tag{10-23}$$

全生育期的总灌水量和施氮量：

$$W_{\min} \leqslant \sum_{i=1}^{n} W_i \leqslant W_{\max} \tag{10-24}$$

$$N_{\min} \leqslant \sum_{i=1}^{n} N_i \leqslant N_{\max} \tag{10-25}$$

式中：$W_{i\min}$、$N_{i\min}$ 为第 i 个生育期设计控制下限；$W_{i\max}$、$N_{i\max}$ 为第 i 个生育期设计控制上限。

10.6.2　菘蓝田间土壤水分指标计算

1. 田间土壤水量平衡方程

$$ET_{1\text{-}2} = S_i + M + P_0 + K \tag{10-26}$$

式中：$ET_{1\text{-}2}$ 为阶段耗水量，mm；M 为阶段内灌水量，mm；P_0 为阶段内有效降水量，mm；K 为阶段内地下水补给量，mm，在地下水位超过 2.5 m 时 K 可忽略不计，本试验 K 取 0；S_i 为阶段土壤贮水消耗量，$S_i = W_1 - W_2$，W_1、W_2 为初阶段和末阶段对应的土壤贮水量。

2. 土壤贮水量

$$W = 10 \sum_{i=1}^{n} \rho \times W' \times d_i \tag{10-27}$$

式中：W 为土壤贮水量，mm；n 为总土层数，$n = 4$；i 为土层编号；ρ 为土层土壤容重，g/cm^3；W' 为土壤重量含水率；d_i 为第 i 土层厚度。

3. 灌水量

当土壤含水量低于试验设定的水分下限时灌水，灌水量根据水分上限确定，根据式 (10-28) 进行计算。

$$M = \frac{r \times p \times h \times \theta_f \times (q_1 - q_2)}{\eta} \tag{10-28}$$

式中：M 为灌水量，kg/m^3；r 为土壤容重，取 1.14 g/cm^3；p 为土壤湿润比，取 100%；h 为灌水计划湿润层，取 0.6 m；θ_f 为最大田间持水率，取 24%；q_1 为土壤水分上限；q_2 为土壤实际含水率（以相对田间持水率表示）；η 为水分利用系数，滴灌取 0.9。

4. 阶段耗水强度

$$CD = \frac{ET_{1\text{-}2}}{D} \tag{10-29}$$

式中：CD 为阶段耗水强度；D 为该阶段持续天数。

5. 阶段耗水模系数

$$CP = \frac{ET_{1\text{-}2}}{ET_a} \times 100\% \tag{10-30}$$

式中：CP 为阶段耗水模系数；ET_a 为全生育期总耗水量，mm。

6. 水分利用效率

$$WUE = \frac{Y}{ET_a} \tag{10-31}$$

式中：WUE 为水分利用效率，$kg/(hm^2 \cdot mm)$；Y 为菘蓝产量，kg/hm^2。

7. 约束条件

菘蓝第 i 个生育期实际灌水量 =

$$\begin{bmatrix} \text{设计控制下限} & \text{设计控制下限} & \cdots & \text{设计控制下限} \\ \text{第 1 个生育期充分灌水量} & \text{第 2 个生育期充分灌水量} & & \text{第 } i \text{ 个生育期充分灌水量} \end{bmatrix}$$

$$\tag{10-32}$$

合理的生育期轻度调控不会对菘蓝产量造成显著影响，且有利于提升菘蓝品质，但中度或重度调控会导致产量降低,调控程度越大则降幅越大。

10.6.3　菘蓝氮素指标计算

植株样品烘干粉碎,H_2SO_4–H_2O_2 消煮后,采用凯氏定氮法测定全氮含量。

土壤氮素相关指标的计算公式:

植株氮素积累吸收量(mg/株)= 植株全氮含量(%)×植株烘干质量(mg/株)

植株氮素积累总量(kg/hm²)= 干物质量(kg/hm²)×植株含氮量(g/kg)/1 000(g/kg)

植株吸收肥料氮(kg/hm²)= 植株吸氮量(kg/hm²)×32.9%

约束条件为

菘蓝第 i 个生育期施氮量=

$$\left[\frac{设计控制下限}{第1个生育期充分吸氮量} \quad \frac{设计控制下限}{第2个生育期充分吸氮量} \quad \cdots \quad \frac{设计控制下限}{第i个生育期充分吸氮量} \right]$$

(10-33)

10.6.4　菘蓝经济效益模型

作物的经济效益是指通过种植生产和销售作物所获得的经济回报,这个经济回报是通过将作物的产量与销售价格相乘得到的。作物的经济效益可以通过多种方式来衡量,其中最常见的方法是计算作物的净收益和投资回报率。作物的净收益是指作物销售收入减去生产成本之后所得到的金额。生产成本包括土地、种子、肥料、农药、灌溉水费、人工费和材料设备等费用。作物的净收益越高,就代表着作物的经济效益越好。投资回报率是指通过种植作物所获得的利润与投资成本之比,投资成本要素与生产成本要素几乎一致,多数情况下会更加注重资金成本的考虑。如果作物的投资回报率高,就代表着作物带来的经济效益也比较高。作物的经济效益还可以通过其他指标来衡量,比如单位面积作物产量、单产收益等。影响作物经济效益的因素有很多,作物生长环境及市场需求的变化都会对作物的经济效益产生重大影响。需要根据实际情况来选择合适的衡量指标,以实现最大的经济效益。

菘蓝种植对环境要求不高,耐贫瘠、耐干旱,具有一定的抗病虫能力,为满足高品质菘蓝的种植要求,对于病虫害主要采用"预防为主、综合防治"的植保方针,优先采用物理防治、生态调控的方法,尽量减少或避免农药等化学试剂的使用。

菘蓝的经济效益通过单位面积生产资料成本与销售作物之间的货币化插值来计算,公式为

$$EP = GCA \times UP - \left[SUP \times SQ \times GCA + W_a(MWC + CWR) + GCA(LC + MEC + FC) \right]$$

(10-34)

式中:EP 为经济效益,元/hm²;GCA 为总种植面积,hm²;UP 为菘蓝干根单价,元/hm²;SUP 为种子单价,元/kg;SQ 为用种量,kg/hm²;W_a 为全生育期总灌溉水量,mm;MWC 为计量水费,元/m³;CWR 为水资源费,元/m³;LC 为人工费,元/hm²;MEC 为材料设备费,元/hm²;FC 为肥料费,元/hm²。

10.6.5　粒子群算法对水氮调控模型求解步骤设计

求解对象为河西地区菘蓝调控优化模型,目标是在充分灌水和施加氮肥的情况下合理分配菘蓝各生育阶段灌水量和施肥量,实现最高产量,提高水氮利用率。Java 语言可以在多种操作系统上运行,具有跨平台性强、安全性高、代码可读性好、易于维护和管理的特点。故本书采用 Java 语言来实现粒子群算法对水氮调控模型的求解。具体步骤设计如下:

(1)初始化种群。

生成的每一个个体都代表着一种灌溉决策,共同构成种群。菘蓝作为一种中药材,若在某一生育阶段灌溉量和氮肥分配不能满足菘蓝的最低萎蔫系数,则会导致菘蓝的大幅减产甚至死亡,该调控无效;若在某一生育阶段分配量超过该生育期菘蓝的最大腾发量,则会导致资源浪费,该调控决策无效。根据上述原因,可在初始化种群时,对个体生成进行约束,以提升种群整体适应度,为后续操作提供优质个体。种群规模越大,越有可能收敛于最优解,但是过大的种群规模会降低运算效率,将种群数量设置为 30,迭代次数设为100,校验后再进行更正。

(2)适应度函数。

以实现菘蓝不同水氮调控下的最高产量为目标,故采用 Jensen 模型作为适应度函数,用来评价每一个水氮策略的优劣程度。

(3)比较粒子当前适应值与自身历史最优值和种群最优值。

确保每一代种群中水氮调控最优的个体能够被保留到下一代,即与之前水肥量下的产量进行比较,若产量高于之前最高产量值,就保存此次运算的灌水量和施肥量;若低于最优值,则更新灌水量和施肥量再次进行运算。

(4)检查终止条件。

寻优条件为迭代次数达到最大值或是灌水量和施肥量达到最大值;若满足,则结束寻优;否则,再次进行运算。

第 11 章 菘蓝粒子群算法调亏灌溉决策优化模型求解

11.1 基于粒子群算法的菘蓝调亏灌溉试验设计

根据菘蓝种植生长规律,将其划分为 4 个生育期:

(1)苗期(30 d)。

(2)营养生长期(60 d)。

(3)肉质根生长期(40 d)。

(4)肉质根成熟期(25 d)。

根据田间持水量的百分比情况和植株含氮量对灌溉量和施氮量进行划分:

(1)CK(不灌水不施肥)。

(2)W1N1(低水低氮)。

(3)W1N2(低水中氮)。

(4)W1N3(低水高氮)。

(5)W2N1(中水低氮)。

(6)W2N2(中水中氮)。

(7)W2N3(中水高氮)。

(8)W3N1(高水低氮)。

(9)W3N2(高水中氮)。

(10)W3N3(高水高氮)。

试验采用二因素裂区设计,灌水量为主处理,施氮量为副处理,灌水量和施氮量各 3 个水平:W1(土壤含水量为田间持水量的 60%~70%)、W2(土壤含水量为田间持水量的 70%~80%)、W3(土壤含水量为田间持水量的 80%~90%);N1(150 kg/hm^2)、N2(200 kg/hm^2)、N3(250 kg/hm^2);对照 CK 不灌水、不施氮;共 10 个处理,每个处理 3 次重复,共 30 个小区。小区长 8 m、宽 3.75 m,面积为 30 m^2,试验有效种植面积为 900 m^2。种植密度 800 000 株/hm^2,每小区保苗数约为 240 株。试验供试氮、磷、钾肥为尿素、过磷酸钙、硫酸钾,磷肥和钾肥各处理量相同,分别为 P$_2$O$_5$ 350 kg/hm^2 和 K$_2$O 200 kg/hm^2。各处理灌水量通过控制阀控制,各生育期灌水量和施氮量见表 11-1、表 11-2。

表 11-1 2018 年菘蓝水氮调控的试验处理

处理	田间持水率/%	施氮量/(kg/hm²)	各生育期灌水量/mm				
			苗期	营养生长期	肉质根生长期	肉质根成熟期	总计
W1N1	60~70	150	6.30	74.20	18.30	26.20	125
W1N2	60~70	200	6.30	74.20	18.30	26.20	125
W1N3	60~70	250	6.30	74.20	18.30	26.20	125
W2N1	70~80	150	9.20	95.70	26.50	33.60	165
W2N2	70~80	200	9.20	95.70	26.50	33.60	165
W2N3	70~80	250	9.20	95.70	26.50	33.60	165
W3N1	80~90	150	12.60	112.50	38.20	41.70	205
W3N2	80~90	200	12.60	112.50	38.20	41.70	205
W3N3	80~90	250	12.60	112.50	38.20	41.70	205

表 11-2 2019 年菘蓝水氮调控的试验处理

处理	田间持水率/%	施氮量/(kg/hm²)	各生育期灌水量/mm				
			苗期	营养生长期	肉质根生长期	肉质根成熟期	总计
W1N1	60~70	150	0	29.50	0	10.50	40
W1N2	60~70	200	0	29.50	0	10.50	40
W1N3	60~70	250	0	29.50	0	10.50	40
W2N1	70~80	150	0	57.40	0	17.60	75
W2N2	70~80	200	0	57.40	0	17.60	75
W2N3	70~80	250	0	57.40	0	17.60	75
W3N1	80~90	150	1.00	96.70	0.80	21.50	120
W3N2	80~90	200	1.00	96.70	0.80	21.50	120
W3N3	80~90	250	1.00	96.70	0.80	21.50	120

11.2 试验结果分析

根据水氮调控种植耗水量数据分析可知,灌水和施氮对菘蓝各生育期阶段耗水量均有显著影响,随着菘蓝生育阶段的推进,菘蓝各生育期阶段耗水量表现为低、高、低、再低的变化趋势。在苗期,作物植株较小,菘蓝阶段耗水量和耗水强度较小;进入营养生长期,随着植株快速生长的需要,菘蓝阶段耗水量也随之增大;肉质根生长期,菘蓝生长转入地下部分,生长缓慢,耗水量也随之降低;到肉质根成熟期,作物明显衰老,菘蓝阶段耗水量和耗水强度随之快速降低。具体数据如表 11-3、表 11-4 所示。同一施氮水平下,增加灌水量,菘蓝总耗水量增加;同一灌水水平下,增加施氮量,总耗水量先减小后增大。高水低氮(W3N1)处理总耗水量最高,值为 442.3~444.10 kg/hm²,低水中氮(W1N2)处理总耗水量最低。

表 11-3　不同水氮处理下菘蓝各生育期耗水量分配(2018 年)

处理	施氮量/ (kg/hm²)	耗水量/mm			
		苗期	营养生长期	肉质根生长期	肉质根成熟期
W1N1	150	24.8	175.3	78.7	44.9
W1N2	200	21.6	190.3	67.8	35.0
W1N3	250	23.0	181.2	74.3	39.5
W2N1	150	29.5	211.0	89.7	50.3
W2N2	200	23.4	219.7	80.2	43.1
W2N3	250	27.0	210.3	86.8	47.8
W3N1	150	36.0	237.0	107.3	62.0
W3N2	200	26.1	253.3	91.2	50.1
W3N3	250	32.6	237.4	102.7	57.4
CK	0	12.9	103.8	40.3	22.2

表 11-4　不同水氮处理下菘蓝各生育期耗水量分配(2019 年)

处理	施氮量/ (kg/hm²)	耗水量/mm			
		苗期	营养生长期	肉质根生长期	肉质根成熟期
W1N1	150	29.9	177.0	83.9	49.2
W1N2	200	25.3	198.0	67.0	43.0
W1N3	250	27.5	183.7	77.3	47.5
W2N1	150	35.1	198.0	93.6	58.7
W2N2	200	27.8	225.9	71.9	49.5
W2N3	250	32.0	204.4	86.2	56.7
W3N1	150	38.1	231.4	105.8	68.8
W3N2	200	32.0	257.7	83.7	56.9
W3N3	250	35.5	237.5	96.8	66.3
CK	0	22.4	163.3	61.6	40.1

水分利用效率是衡量作物水分利用的一个重要指标,农业生产中为降低水资源的浪费,作物高水分利用效率成为追求的目标。从表 11-5 可以看出,灌水和施氮对菘蓝的水分利用效率影响显著。同一灌水水平下,水分利用效率随施氮量的增加先增加后降低,不同处理间差异显著。同一施氮水平下,水分利用效率随灌水量的增加而降低。低水中氮(W1N2)水分利用效率最高,高水低氮(W3N1)水分利用效率最低。说明河西地区过量灌水和不合理施氮不仅难于增产,还会造成水资源的严重浪费和水分利用效率低下。

水氮调控处理中,水氮处理显著影响菘蓝的产量,W2N2 处理的产量最高,值为 7 137.0~7 417.0 kg/hm²;W2N3 处理的产量居第二位,值为 6 679.0~6 962.0 kg/hm²;W3N1 处理的产量最低,值为 5 688.0~6 413.0 kg/hm²;中水中氮(W2N2)较高水高氮(W3N3)处理菘蓝产量增幅为 13.7%~21.2%。在同一灌水水平下,产量随施氮量的增加先增加后减小,表现为 N2>N3>N1,说明中氮和高氮能显著提高菘蓝的产量,且中氮对产量的影响高于高氮。在同一施氮水平下,产量随灌水量的增加先增加后减小,表现为 W2>W1>W3,说明中水较低水和高水能显著提高菘蓝的产量,且高水处理对产量的影响大于低水处理。

表 11-5　不同水氮调控处理对菘蓝产量影响

处理	田间持水量/%	施氮量/(kg/hm²)	2018 年		2019 年	
			产量/(kg/hm²)	水分利用效率/%	产量/(kg/hm²)	水分利用效率/%
W1N1	60~70	150	6 514.0	20.1	5 918.0	17.4
W1N2		200	6 957.0	22.1	6 510.0	19.5
W1N3		250	6 604.0	20.8	6 031.0	17.9
W2N1	70~80	150	6 856.0	18.0	6 392.0	16.6
W2N2		200	7 417.0	20.2	7 137.0	19.0
W2N3		250	6 962.0	18.7	6 679.0	17.6
W3N1	80~90	150	6 413.0	14.5	5 688.0	12.8
W3N2		200	6 850.0	16.3	6 415.0	14.9
W3N3		250	6 521.0	15.2	5 887.0	13.5
CK	0	0	3 180.0	17.7	3 349.0	11.7

使用一元二次方程拟合施氮量对产量的影响。根据计算可得,W1 灌水水平下菘蓝最大产量的施氮量为 202.8~203.4 kg/hm²,最大产量为 6 848.0~6 958.3 kg/hm²;W2 灌水水平下菘蓝最大产量的施氮量为 202.6~206.0 kg/hm²,最大产量为 7 145.6~7 418.4 kg/hm²;W3 灌水水平下菘蓝最大产量的施氮量为 203.5~204.0 kg/hm²,最大产量为 6 418.9~6 851.9 kg/hm²。可见,灌水和施氮之间存在明显的交互增产作用,灌水、施氮过量或过少均不能达到高产的目标,节水至土壤含水量为田间持水量的 70%~80%,减氮

至 202.6~206.0 kg/hm²，菘蓝高产值达到 7 145.6~7 418.4 kg/hm²。本书进行数值模拟时，取表 11-4 中 CK 组数据作为参考，菘蓝 Jensen 模型各生育期水氮相互作用参数如表 11-6 所示。

表 11-6　菘蓝 Jensen 模型各生育期水氮相互作用参数

水氮相互作用参数	苗期	营养生长期	肉质根生长期	肉质根成熟期
K_i	1.318	0.536 9	1.079 7	0.037 7

11.3　本章小结

本章首先阐述了菘蓝水氮调控试验的灌区选择及试验设计，对试验数据进行分析后可知，菘蓝各生育期耗水量可代表其需水特性，可反映出各生育期对水氮的敏感程度，营养生长期轻度缺水处理下不会对菘蓝产量造成显著影响，其余水分处理均使菘蓝产量降低。同一施氮水平下，菘蓝的产量随灌水量的增加先增加后减小，高水高氮抑制菘蓝地下部菘蓝产量的形成。同一灌水水平下，水分利用效率随施氮量的增加先增加后减小，低水中氮水分利用率最高，高水低氮水分利用率最低。Jensen 模型能够较好地反映出菘蓝产量和其耗水量之间的关系，可以为菘蓝的水氮调控决策提供理论依据。

第 12 章　菘蓝粒子群算法的结果分析

12.1　粒子群算法相关参数设置

种群规模、迭代次数、学习因子等的选择对于粒子群算法的收敛速度和寻优能力都存在影响,扩大种群规模在增大获得全局最优解可能性的同时会增加计算量,但种群规模增大时,可以在较少的迭代次数中获得最优解。迭代次数过大会非常耗时,而迭代次数太小解不稳定,需根据实际情况进行合适的取值。在资源受限的情况下,使用前文水氮调控模型以及粒子群算法求解步骤进行求解。在初始阶段,需根据经验先设定一些参数,以便对粒子群算法进行校验,如表 12-1 所示。

表 12-1　粒子群算法相关参数初始设置

参数	值
迭代最大次数	100
种群规模	30
粒子维数	4
c_1	1.494
c_2	1.494
惯性因子 w	0.729
V_{max}	1

选用 2018—2019 年菘蓝相关数据,选用初始粒子群算法和改进粒子群算法进行求解。说明引入惯性权重的优越性,结果如图 12-1 所示。从图 12-1 可以直观地看出,PSO 中很多

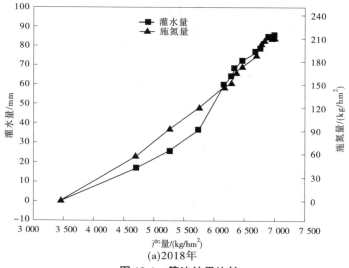

(a)2018 年

图 12-1　算法结果比较

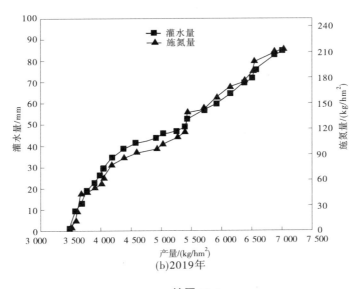

(b)2019年

续图 12-1

点聚集在一起,这表明 PSO 算法在探寻时跳进了局部最优的情况。引入惯性权重的粒子群算法相比于初始粒子群算法粒子分散比较均匀。

12.2　参数校验

利用已知灌水量和施氮量为 70%~80% 田间持水量、202.6~206.0 kg/hm² 时最高产量 7 145.6~7 418.4 kg/hm²,对粒子群算法相关参数初始设置进行校验修正,首先对种群规模进行校验,数据如图 12-2 所示。

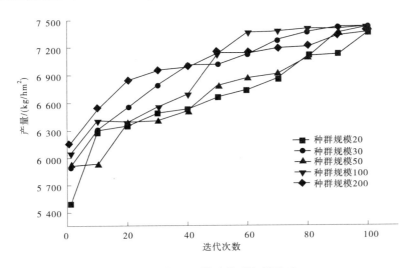

图 12-2　粒子群算法种群规模校验

　　由图 12-2 可知,当种群规模为 20、30 和 50 时,种群规模较小,种群多样性不足,寻优能力较弱,需要更长的时间才能够找到全局最优解且易陷入局部最优解;当种群规模为 200 时,虽然其得到的解更好,产量更高,但每次迭代所需要的计算时间更长,导致资源的浪费和占用更大的计算机储存空间,故将本书所使用的粒子群算法种群规模设置为 100。初始化种群规模确定后,对粒子群算法迭代次数进行校验,数据如图 12-3 所示。

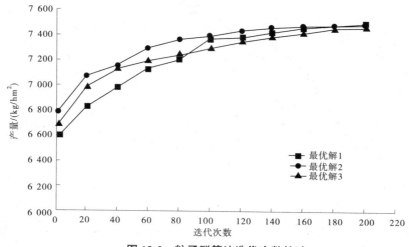

图 12-3　粒子群算法迭代次数校验

　　过小的迭代次数会导致种群中的个体无法充分执行位置和速度更新等后续操作,从而无法达到全局最优解或近似最优解;过大的迭代次数又会导致计算资源的浪费。从图 12-3 可得出,粒子群算法在最优解迭代 180 次后几乎不再发生变化,收敛较好,故将本书所使用的粒子群算法迭代次数设置为 180。确定好种群规模和迭代次数之后,对粒子的惯性因子进行校验,结果见图 12-4。

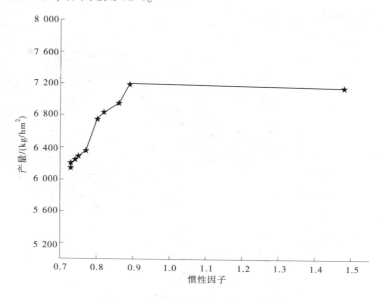

图 12-4　粒子群算法惯性因子校验

惯性权重越小,局部寻优能力较强,易陷入局部循环,全局最优能力较弱;惯性权重越大,全局寻优能力强,局部寻优能力弱。由图 12-4 可得,惯性因子取值为 0.8 时,算法跳出局部最优,寻找全局最优,故本书将惯性权重取为 0.8。

12.3　粒子群算法对水氮函数模型求解

针对本书的水氮决策优化模型求解问题,将粒子群算法规模大小设置为 100、迭代次数设置为 180、惯性因子取值为 0.8、学习因子取值为 1.494 时,粒子群算法的收敛速度及收敛质量较好。因此,对相应的粒子群算法进行修正后,参照菘蓝水氮调控试验数据将灌水量和施氮量分别进行设置,对菘蓝各生育期进行数值模拟,结果如表 12-2 及图 12-5、图 12-6 所示。

表 12-2　模拟各生育阶段耗水量和施氮量分配情况

苗期		营养生长期		肉质根生长期		肉质根成熟期		产量/
耗水量/ mm	施氮量/ (kg/hm²)	耗水量	施氮量	耗水量	施氮量	耗水量	施氮量	(kg/hm²)
20.7	25.89	189	56.98	73.8	41.64	32.4	36.7	6 682.5
22.72	24.86	185.6	62.38	79.12	43.59	40.32	34.64	7 349.5
26.86	26.39	183.6	66.29	80.24	44.68	47.26	39.5	6 897.4
25.98	28.58	196.35	65.89	82.59	44.59	48.93	28.6	6 982.3
24.48	28.29	219.6	69.63	74.88	45.16	42.84	21.9	7 117.3
27.74	29.69	212.8	68.29	77.02	45.68	52.82	28.5	7 879.6

注:在使用粒子群算法求解时,耗水量设置值并不一定是最优解,故实际模拟耗水量与耗水量设置值不同,下同。

由表 12-2 可知,在菘蓝的全生育期中,各生育期耗水量不同,在实际模拟总耗水量 300.90 mm、327.76 mm、337.96 mm、353.85 mm、361.80 mm、380.38 mm 中,苗期分别占总耗水量的 6.55%、6.93%、7.95%、7.34%、6.77%、7.49%,肉质根成熟期分别占总耗水量的 10.26%、12.30%、13.98%、13.82%、11.84%、14.26%,营养生长期与肉质根生长期耗水量最小值为 73.80 mm,耗水量最大值为 219.60 mm,与菘蓝实际种植情况一致,模拟各生育期施氮量未超过实际吸氮量,总施氮量与产量的变化趋势相同。符合表 11-3 和表 11-4 中的菘蓝水氮调控试验数据。

由图 12-5 和图 12-6 可知,在耗水量即可用灌溉量和施氮量受限时,水氮决策优化模型会优先减少对营养生长期、肉质根成熟期的灌溉量分配,因为菘蓝在这两个生育阶段轻度水分亏缺并不会对产量造成影响,且有利于水分利用效率的提高,但重氮会导致产量的显著降低。在未达到最高产量前,随着灌溉量的增加,菘蓝产量也随之增加,但增加的速率逐渐放缓,在灌溉量和施氮量为 380 mm 和 210 kg/hm² 左右时,菘蓝产量达到平衡点,这与王玉才等的研究结论相同,验证了粒子群算法求解水氮决策优化模型结果的有效性。应用科学的菘蓝水氮决策在菘蓝全生育期内对可用灌溉量和施氮量进行合理分配,有助于达到节水、节肥、高效生产的目的,张萌等和魏小东等分别对玉米和马铃薯的研究果也

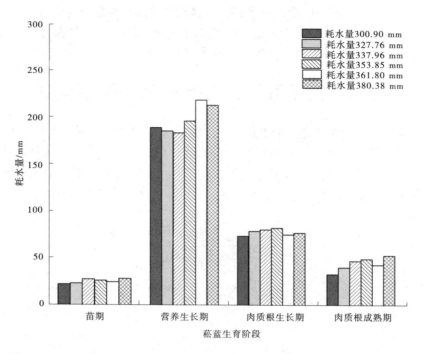

图 12-5　菘蓝不同耗水量下各生育期耗水量分配

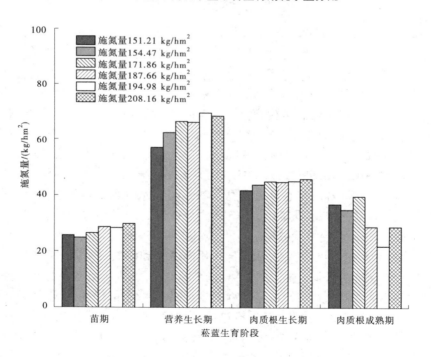

图 12-6　菘蓝不同施氮量下各生育期施氮量分配

表明了该点。

12.4 菘蓝种植中水氮成本对经济效益的影响

河西地区菘蓝种植过程中生产资料如表 12-3 所示,按照当地往年菘蓝干根售价 8 元/kg,利用表 12-2 中的模拟数值对经济效益进行计算,结果如表 12-4 所示。

表 12-3 菘蓝种植生产资料

类别	单价	备注
种子	20 元/kg	播种量为 30 kg/hm²
计量水费	0.216 元/m³	
水资源费	0.005 元/m³	
人工费	3 000 元/hm²	
肥料	2 350 元/hm²	
材料设备费	5 000 元/hm²	

表 12-4 菘蓝全生育期不同耗水量下经济效益数据

耗水量/mm	施氮量/(kg/hm²)	生产成本			生产成果	
		水费合计/(元/hm²)	化肥费用合计/(元/hm²)	种子、人工等费用合计/(元/hm²)	产量/(kg/hm²)	销售收入/(元/hm²)
300.90	151.21	664.99	362.91		6 682.5	53 460.0
327.76	154.47	724.35	370.73		7 349.5	58 796.0
337.96	171.86	746.89	412.46		6 897.4	55 179.2
353.85	187.66	782.01	450.38	8 600	6 982.3	55 858.4
361.80	194.98	799.58	467.95		7 117.3	56 938.4
380.38	208.16	840.64	499.59		7 879.6	63 036.8

耗水量中除灌溉用水外,有效降水是占比最大的一部分,但在实际情况中,河西地区降水稀少,蒸发强烈,且降水过程短而急促,易形成地表径流,降水难以被菘蓝有效利用。因此,在此处经济效益的分析中,认为耗水量全部由灌溉用水组成,以便获取水费的最大值。各分配灌溉水量和施氮量产量较对照(287.3 mm、0、3 349.0 kg/hm²)下产量分别提高 3 333.5 kg/hm²、4 000.5 kg/hm²、3 548.4 kg/hm²、3 633.3 kg/hm²、3 768.3 kg/hm²、4 530.6 kg/hm²,收入分别提高 2.6 万元、3.2 万元、2.8 万元、2.9 万元、3.0 万元、3.6 万元。将耗水量 327.76 mm(销售收入 58 796.0 元/hm²)与耗水量 361.80 mm(销售收入 56 938.4 元/hm²)进行对比分析可以发现,合理的水肥调控决策在减少资源消耗的同时,不但不会对产量造成显著影响,甚至可以通过降低水费和肥料费用的形式来增加收益,再次证明了水肥调控决策的合理性。河西地区作为农业水资源供需矛盾突出区域,其低用

水成本同我国水利建设主要依靠财政拨款等因素有关,目前较低的水价也是导致灌溉决策粗放的重要原因。农业水费作为农村唯一政府性收费项目,农民支付意愿低,执行难度高,但低水价不符合水资源商品市场价格规律,对用水行为难以起到应有的调节作用。应根据河西地区水资源利用实际情况,建立定额控制指标,采用累计加价的用水制度,充分发挥经济杠杆对水资源的分配利用。利用市场来进行节水宣传、节水教育、提高节俭意识,减少资源浪费。

12.5　本章小结

　　本章首先对粒子群算法的收敛速度、收敛质量进行了校验,验证了针对菘蓝水氮调控决策优化模型而设计实现的 Java 自适应粒子群算法的优越性。水氮调控决策优化模型粒子群算法求解结果显示,若灌溉量和施氮量受限时,可优先减少敏感程度低的营养生长期、肉质根成熟期的灌水量和施氮量的分配,保障肉质根生长期的水肥供给。营养生长期、肉质根成熟期的轻度水分亏缺并不会对产量造成影响,且有利于水氮利用效率的提高,证明了粒子群算法对菘蓝水氮调控决策模型的求解结果的有效性和合理性,在复杂的水肥和产量关系中,为河西地区菘蓝种植节水节肥决策提供帮助。本章最后探讨了菘蓝种植中灌水成本和施肥成本对经济效益的影响,虽然河西地区水资源供需矛盾突出,但较低的用水成本,无法发挥经济杠杆对水资源的分配作用。

第 13 章 结论与展望

在西北干旱区水资源十分有限且非常珍贵,水分是农业生产中最主要的环境限制因子。然而,河西地区农户普遍采用大水漫灌和大量施肥的菘蓝生产模式,灌水消耗量大且水分利用效率很低,尤其是大量施用氮肥引起硝态氮的淋失和在土壤耕作层的大量积累,加剧了土壤环境污染的风险,进而威胁着祁连山生态安全保护屏障。

13.1 河西地区菘蓝水氮调控效应研究的主要结论

13.1.1 主要结论

本书通过两年不同灌水、施氮处理的菘蓝田间试验,对不同灌水、施氮水平下菘蓝的生长发育、养分吸收、土壤氮素的运移、土壤水肥利用效率及平衡、产量和品质等进行了分析,并通过建立产量回归数学模型分析了水氮合理利用的阈值。本书主要结论如下:

(1)灌水和施氮显著影响着菘蓝的产量、水氮利用效率及品质,且灌水和施氮间存在正交互作用,中水中氮(W2N2)较高水高氮(W3W3)处理产量增幅达 12.2%~18.4%。同一灌水量下,随施氮量的增加,板蓝根和大青叶的产量先增加后减小,表现为 N2>N3>N1,说明中氮较低氮和高氮能显著提高板蓝根的产量,且低氮对产量的影响大于高氮;同一施氮量下,随灌水量的增加,板蓝根和大青叶的产量呈现为先增加后减小,板蓝根产量表现为 W2>W1>W3,大青叶产量表现为 W2>W3>W1,说明中水较低水和高水能显著提高板蓝根和大青叶的产量,高水对板蓝根产量的影响大于低水处理,高水对大青叶产量的影响小于低水处理,说明高水、高氮抑制菘蓝地下部板蓝根产量的形成,但可以促进菘蓝地上部大青叶产量的形成。施氮量对板蓝根产量的拟合曲线和 P 值检验结果均表明,灌水和施氮之间存在正交互增产作用,过量或过少灌水、施氮均不能实现高产目标。

同一灌水量下,水分利用效率随施氮量的增加先增加后减小,表现为 N2>N3>N1;同一施氮量下,水分利用效率随灌水量的增加而降低,表现为 W1>W2>W3;灌水对水分利用效率的作用大于施氮。低水中氮(W1N2)水分利用效率最高,值为 19.5~22.1 kg/(hm²·mm);高水低氮(W3N1)水分利用效率最低,值为 12.8~14.5 kg/(hm²·mm)。同一灌水量下,氮肥利用效率随着施氮量的增加而减小,表现为 N1>N2>N3;同一施氮量下,氮肥利用效率随着灌水量的增加先增加后减小,表现为 W2>W3>W1;中水低氮(W2N1)氮肥利用效率最高,值为 33.1%~38.1%,高水高氮(W3N3)氮肥利用效率最低,值为 22.9%~25.1%;施氮对氮肥利用效率的作用大于灌水。过量灌水和过量施氮会显著降低水分利用效率和氮肥利用效率,中水中氮(W2N2)较高水高氮(W3N3)处理水分利用效率和氮肥利用效率增幅分别为 24.3%~27.2% 和 31.8%~34.5%,节水减氮显著提高了菘蓝氮肥利用效率。

同一灌水量下,随着施氮量的减小,板蓝根中靛蓝、靛玉红、(R,S)-告依春和多糖含量呈现为增加趋势,表现为 N1>N2>N3,低氮形成的逆境环境有利于提高板蓝根的品质指标;同一施氮量下,随着施氮量的减小,板蓝根中靛蓝、靛玉红、(R,S)-告依春和多糖含量呈现为增加趋势,表现为 W1>W2>W3,低水形成的逆境环境有利于提高板蓝根的品质指标,因此灌水和施氮间存在交互作用,且施氮对靛蓝含量影响作用大于灌水。相比于高水高氮(W3N3),中水中氮(W2N2)板蓝根靛蓝、靛玉红、(R,S)-告依春和多糖含量增幅分别为 4.5%~5.9%、2.7%~3.1%、5.2%~6.0%和 1.8%~2.1%。

(2)灌水和施氮对菘蓝株高、根长、主根直径影响显著。同一灌水水平下,株高、根长和主根直径均随施氮量的增加先增加后减小,表现为 N2>N3>N1;同一施氮水平下,株高、根长和主根直径均随灌水量的增加先增加后减小,表现为 W2>W1>W3。W2N2 较 W3N3处理株高、根长和主根直径增幅分别为 8.2%~11.0%、8.9%~9.0%和 16.5%~17.1%。

随着生育进程的推进,菘蓝整株及板蓝根的干物质积累量均呈慢-快-慢的"S"形增长趋势,灌水和施氮对干物质积累量有显著影响。同一灌水水平下,菘蓝整株及板蓝根干物质积累量随着施氮量的增加先增加后减小,表现为 N2>N3>N1;同一施氮水平下,菘蓝整株及板蓝根干物质积累量随着灌水量的增加先增加后减小,表现为 W2>W3>W1。W2N2 较 W3N3 处理全株和板蓝根干物质积累量增幅分别为 8.7%~10.6%和 10.1%~12.1%。

同一灌水水平下,干物质快速积累持续时间和干物质快速积累期平均增长速度均随着施氮量的增加先增加后减小;同一施氮水平下,干物质快速积累持续时间随着灌水量的增加而增加,干物质快速积累期平均增长速度随着灌水量增加先增加后减小。W2N2 较 W3N3 处理干物质积累量增幅为 9.0%~11.7%;灌水和施氮对板蓝根物质最大积累速度出现时间影响不显著,基本集中在出苗后 78~86 d。

同一灌水水平下,板蓝根的干物质分配占比随着施氮量的增加先增加后减小,表现为 N2>N3>N1,同一施氮水平下,板蓝根的干物质分配占比随着灌水量的增加反而减小,表现为 W2>W3>W1;增加施氮量有利于增加收获时板蓝根干物质分配占比,增加灌水量反而减小了收获时板蓝根干物质分配占比,W2N2 较 W3N3 处理板蓝根的干物质分配占比增幅为 1.3%~1.5%。

(3)灌水和施氮显著影响着菘蓝叶片的净光合速率($P<0.05$),随着生育进程的推进,光合指标参数、叶面积指数均呈现先增加后减小的单峰变化趋势,菘蓝叶片的净光合速率、气孔导度、蒸腾速率的变化范围分别为 8.32~16.33 $\mu molCO_2/(m^2 \cdot s)$、0.09~0.84 $molH_2O/(m^2 \cdot s)$ 和 1.12~5.92 $mmolH_2O/(m^2 \cdot s)$。

同一灌水水平下,净光合速率、气孔导度、蒸腾速率、叶面积指数均随着施氮量的增加先增加后减小,表现为 N2>N3>N1。同一施氮水平下,净光合速率、气孔导度、蒸腾速率均随着灌水量的增加先增加后减小,表现为 W2>W3>W1,叶面积指数随灌水量的增加而增加。胞间 CO_2 浓度随着施氮量的增加而减小、随着灌水量的增加而增加,W2N2 较 W3N3 处理胞间 CO_2 浓度增幅达 6.4%~6.8%。

W2N2 较 W3N3 处理净光合速率、气孔导度、蒸腾速率增幅达 6.6%~11.1%、19.4%~22.4%、18.8%~26.3%,W2N2 较 W3N3 处理叶面积指数降幅为 6.5%~8.1%。

因此,节水减氮有利于菘蓝叶片光合产物的积累。

(4)灌水和施氮显著影响着 0~160 cm 土层土壤贮水量、生育期耗水量及 0~160 cm 土层土壤贮水消耗量在总耗水量中的占比。随着菘蓝生育进程的推进,0~160 cm 土层土壤贮水量呈锯齿状降低趋势,可知,菘蓝生长发育是一个消耗土壤贮水的过程,降水、灌水量越大,锯齿状越剧烈。增加灌水量,0~160 cm 土层土壤贮水量递减;适当增施氮肥可以减小土壤贮水消耗量,过量施氮增加了土壤贮水消耗量,灌水和施氮间存在明显的交互效应。

同一施氮水平下增加灌水量,菘蓝总耗水量增加,灌溉水和土壤贮水消耗量在菘蓝总耗水量中的占比升高;增加施氮量,菘蓝总耗水量先减小后增加,灌溉水在菘蓝总耗水量中的占比先升高后降低,土壤贮水消耗量在菘蓝总耗水量中的占比先降低后升高,灌水和施氮间存在明显的交互效应。高水低氮(W3N1)处理总耗水量最高,值为 442.2~442.8 mm,低水中氮(W1N2)处理总耗水量最低,中水中氮(W2N2)较高水高氮(W3N3)总耗水量降幅达 13.7%~14.8%。随着菘蓝生育进程的推进,菘蓝各生育期阶段耗水量、耗水强度和耗水模系数表现为低、高、低、再低的变化趋势。从对照组看:苗期、营养生长期、肉质根生长期和肉质根成熟期的耗水模系数依次为 7.2%~8.1%、54.2%~60.5%、21.5%~24.3%、11.1%~14.0%。

同一灌水水平下,菘蓝各生育期耗水量、耗水强度和耗水模系数随着施氮量的增加先减小后增加,表现为 N1>N3>N2;同一施氮水平下,菘蓝各生育期耗水量、耗水强度和耗水模系数随着灌水量的增加而增加,表现为 W3>W2>W1。营养生长期和肉质根生长期是菘蓝的两个耗水高分期,过量灌水和过量施氮均会增加菘蓝生育期总耗水量,浪费水资源的同时降低了水分利用效率;节水减氮有利于适当降低总耗水量,产生灌水和施氮对产量的正交互效应。

(5)灌水和施氮显著影响着菘蓝收获时 0~160 cm 土层铵态氮、硝态氮含量及其积累量,在 0~160 cm 土层范围内,收获时土壤铵态氮、硝态氮含量随着土层深度增加呈降低-升高-降低的"S"形变化趋势。过量灌水(W3 水平)导致土壤硝态氮淋失线由 100 cm 下移至 120 cm 土层。同一灌水水平下土壤硝态氮、铵态氮含量及其积累量随着施氮量的增加而增加,表现为 N3>N2>N1。同一施氮水平下,土壤硝态氮、铵态氮含量及其积累量随着灌水量的增加而减小,表现为 W1>W2>W3;中水中氮(W2N2)较高水高氮(W3N3)土壤铵态氮积累量和土壤硝态氮积累量降幅分别为 8.9%~9.7%和 17.3%~23.6%。

同一灌水水平下,土壤硝态氮淋失量随着施氮量增加而增大,表现为 N3>N2>N1;同一施氮水平下,土壤硝态氮淋失量随着灌水量的增加而增大,表现为 W3>W2,处理间差异显著($P<0.05$)。高水高氮(W3N3)土壤硝态氮淋失量最大,值为 102.91~104.99 kg/hm²;低水低氮(W1N1)土壤硝态氮淋失量最小,值为 63.19~63.74 kg/hm²;中水中氮(W2N2)较高水高氮(W3N3)土壤硝态氮淋失量降幅为 25.0%~31.1%。

从土壤-作物氮素平衡方面考虑,同一灌水水平下,氮素表观损失量随着施氮量增加先减小后增加,表现为 N3>N1>N2;同一施氮水平下,氮素表观损失量随着灌水量增加先减小后增加,表现为 W1>W3>W2,施氮对氮素表观损失的影响大于灌水。低水高氮(W1N3)氮素表观损失量最大,值为 60.3~67.2 kg/hm²;中水中氮(W2N2)氮素表观损失量最小,值为 27.1~30.6 kg/hm²;中水中氮(W2N2)较高水高氮(W3N3)氮素表观损失量降幅为 48.0%~48.5%。同一灌水水平下,氮素盈余量随着施氮量增加而增加,表现为 N3>N2>N1;同一施氮水平下,氮素盈余量随着灌水量增加先减小后增加,表现为 W1>W3>W2,施氮对氮素盈余量的影响大于灌水。低水高氮(W1N3)氮素盈余量最大,值为 260.2~275.8 kg/hm²,中水中氮(W2N2)氮素盈余量最小,值为 159.0~176.9 kg/hm²,中水中氮(W2N2)较高水高氮(W3N3)氮素盈余量降幅为 23.4%~26.7%。

从植株对土壤氮素利用方面考虑,同一灌水水平下,菘蓝吸收土壤氮量随着施氮量的增加先增大后减小,表现为 N2>N3>N1;同一施氮水平下,菘蓝吸收土壤氮量随着灌水量的增加先增大后减小,表现为 W2>W3>W1,处理间差异显著(P<0.05);施氮对菘蓝吸收土壤氮量的影响大于灌水。中水中氮(W2N2)菘蓝吸收土壤氮量最大,值为 183.7~205.2 kg/hm²,低水低氮(W1N1)菘蓝吸收土壤氮量最小,值为 138.2~151.6 kg/hm²,中水中氮(W2N2)较高水高氮(W3N3)菘蓝吸收土壤氮量增幅为 5.4%~7.6%。

从肥料氮去向考虑,同一灌水水平下,肥料氮损失量随着施氮量的增加而增大,表现为 N3>N2>N1,同一施氮水平下,肥料氮损失量随着灌水量增加先减小后增加,表现为 W1>W3>W2,处理间差异显著(P<0.05);施氮对肥料氮损失量的影响大于灌水。低水高氮(W1N3)肥料氮损失量最大,值为 130.7~137.4 kg/hm²,中水低氮(W2N1)菘蓝吸收土壤氮量最小,值为 55.3~62.8 kg/hm²,中水中氮(W2N2)较高水高氮(W3N3)菘蓝吸收土壤氮量降幅为 31.2%~33.9%。

产量随着施氮量的增加先增加后减小,氮肥利用率随着施氮量的增加而先增加后降低,硝态氮淋失量随着施氮量的增加而增加,中水中氮(W2N2)较高水高氮(W3N3),产量增幅为 13.7%~21.2%,氮肥利用率增幅为 31.8%~34.5%,60~160 cm 土层硝态氮淋失量降幅为 25.0%~31.1%,节水减氮可以达到增产、增加肥料利用率和减少土壤剖面硝态氮的淋失量。综合考虑菘蓝产量、肥料利用和硝态氮淋失量,推荐当地菘蓝灌水减少至田间最大持水量的 70%~80%,施氮量降至 200 kg/hm²,是当地菘蓝田间生产中水氮最优的水氮组合。

(6)灌水和施氮对产量的关系可以用二元二次回归模型表达,此模型预测的产量与真实产量较吻合,具有比较高的可靠性。灌水和施氮的增产效应显著,灌水和施氮之间存在显著的正交互效应,且灌水对产量的作用大于施氮,过量的灌水和施氮会降低产量。回归模型分析得出,2018 年产量最大(7 050.02 kg/hm²)时对应灌水量和施氮量为 157.64 mm 和 200.77 kg/hm²,2019 年产量最大(6 976.17 kg/hm²)时对应灌水量和施氮量为 77.35 mm 和 210.29 kg/hm²;回归模型寻优得出,2018 年产量大于 6 900 kg/hm² 时,灌水和施氮最佳组合为 150.15~164.13 mm 和 189.9~208.67 kg/hm²,2019 年产量大于 6 700 kg/hm² 时,灌水和施氮最佳组合为 70.50~81.80 mm 和 195.49~223.74 kg/hm²;最大产量对应的灌水量和施氮量均在模型寻优最佳组合方案之内。综合考虑,建议河西地区菘蓝生产采用节水至土壤含水量为田间持水量的 70%~80%、减氮至 200 kg/hm² 的最佳水氮组合方案,此时菘蓝产量可达到最高,值为 7 137~7 417 kg/hm²。

13.1.2　创新点

(1)通过探究不同水氮调控对土壤水分和土壤氮素的影响,揭示了菘蓝水氮运移规律和互作效率,为当地推行节水、减氮的栽培模式提供了科学依据。

(2)通过分析不同水氮调控对产量、品质、水分利用效率和氮肥利用效率的影响,确定了菘蓝节水、减氮的水氮组合方案,并通过数学回归方程的分析,验证了节水、减氮的水氮组合方案是最优灌水和施氮调控组合,节水至田间最大持水率的 70%~80%,减氮至 200 kg/hm²,是当地菘蓝高产、水肥高效和环境友好的水氮生产管理模式。

13.2　遗传算法在优化菘蓝调亏灌溉决策中应用的总结

就河西地区农业水资源供需矛盾突出的现状,节水灌溉在现阶段及可预见的将来依旧是该地区农业研究的热点,相较于增加水资源供给的困难程度,提高水资源利用效率,减少浪费更具有现实意义。本书针对河西地区菘蓝种植过程中灌溉决策粗放的问题,通过建立菘蓝调亏灌溉决策优化模型,并使用自适应遗传算法对模型进行求解,确定在调亏灌溉方式下动态变化可用灌溉量在各个生育阶段的合理分配,从而实现节水灌溉的目的。

遗传算法模型主要完成的工作:

(1)就菘蓝调亏灌溉决策优化模型的求解问题对遗传算法进行针对性优化,经校验后将种群规模大小设置为 100,迭代次数设置为 160,交叉概率与变异概率设置为随种群适应度而自适应变化;将求解步骤优化后使用 Java 语言实现计算系统。运算效率较高,收敛速度快,可以较好地完成对菘蓝调亏灌溉决策优化模型的求解。

(2)整理菘蓝种植数据,根据调亏灌溉节水原理结合田间土壤水量平衡方程构建菘蓝调亏灌溉决策优化模型,探究了不同亏缺灌溉处理对菘蓝不同生育阶段的影响,寻找适合河西地区菘蓝种植生长的用水规律,在灌溉量受限的情况下优先减少营养生长期和肉质根成熟期的灌溉量分配,这两个生育期的轻度水分亏缺不会对产量造成显著影响,能有效提高水分利用效率,但中度或重度的水分亏缺会导致产量的显著降低。在未达到最高产量前,随着灌溉量的增加菘蓝产量也随之增加,但增加的速率逐渐放缓,水分利用效率随之下降。过量灌溉甚至会导致菘蓝减产,在耗水量 350 mm 左右时,菘蓝产量、灌溉量、水分利用效率达到平衡点。应根据河西地区水资源利用实际情况,建立定额控制指标,采用累进加价的用水制度,充分发挥经济杠杆对水资源的分配作用。

13.3　粒子群算法在优化菘蓝水氮调控中应用的总结

本书针对河西地区存在的问题,通过建立菘蓝水氮调控决策优化模型,并使用粒子群算法对模型进行求解,确定在水氮调控方式下动态变化可用灌溉量和施氮量在各个生育阶段的合理分配,从而实现节水节肥的目的。

本模型主要完成的工作:

(1)就菘蓝调亏灌溉决策优化模型的求解问题对粒子群算法进行针对性优化,经校验后将种群规模大小设置为 100,迭代次数设置为 180,惯性因子设置为 0.8;将求解步骤优化后使用 Java 语言实现计算系统。运算效率较高,收敛速度快,可以较好地完成对菘蓝水氮调控决策优化模型的求解。

(2)整理菘蓝种植数据,根据水氮调控原理结合土壤水氮平衡构建菘蓝调控决策优化模型,探究了不同灌溉量和施肥量处理下对菘蓝不同生育阶段的影响,寻找适合河西地区菘蓝种植生长的用水规律,在灌溉受限的情况下优先会减少对营养生长期和肉质根成熟期的灌溉量和施氮量分配,对产量不会造成显著影响。在未达到最高产量前,随着灌溉量的增加产量也随之增加,在耗水量和施氮量分别达到 380 mm 和 210 kg/hm² 左右时,菘蓝产量、灌溉量达到平衡点。

(3)探讨分析菘蓝种植过程中灌溉用水成本和施肥成本对经济效益的影响。菘蓝各生育期不同耗水量下的灌溉成本和施肥成本之间无显著差异。选择合适的水氮调控决策可以通过降低水费的方式来增加收益,如耗水量为 327.76 mm、施氮量为 154.47 kg/hm² 时销售收入为 58 796.0 元/hm²,耗水量为 337.76 mm、施氮量为 171.86 kg/hm² 时收入为 55 179.2 元/hm²,但因灌溉成本和施肥成本较低,通过降低灌水量、施肥量来增加收益的方式并不具备可操作性。应根据河西地区水资源利用情况,建立累计加价的用水制度,充分发挥经济杠杆对水资源的分配利用。减少资源浪费,获得较高收益。

13.4 展 望

本书对不同灌水量、施氮量下菘蓝的生长发育、土壤氮素的运移、水和氮的利用效率及平衡、产量和品质等进行了分析,通过产量回归数学模型分析了水氮合理利用的阈值,为当地菘蓝节水、减氮合理种植提供了理论依据。但仍然有许多问题需要进一步分析研究,主要包括:

(1)在土壤氮素平衡分析中,只对土壤中 NO_3^--N、NH_4^+-N 和植株体内氮素进行的测定,植物利用肥料氮和肥料氮在土壤中的残留根据前人研究进行估算,当地真实数值到底如何,需要后期研究工作中通过标记肥料氮素方式进行深入系统研究。本书在田间试验过程中发现,不同试验年份的菘蓝生育期降水量、降水强度和降水时期都对试验有很大的影响,在后期研究工作中可考虑结合旱棚试验加以完善。本试验只在甘肃省张掖市民乐县益民灌溉试验站进行了单点试验,后期研究工作中可以考虑在当地同时选取多个代表性的地点进行田间试验研究。

(2)菘蓝调亏灌溉的校验数据为甘肃省张掖市民乐县益民灌溉试验站进行的室外大田试验,试验结果受多种因素的影响,如光照、气温、降雨、土壤质地及气候等,因此结果具有局限性,关于菘蓝调亏灌溉决策优化模型的通用性还需进行系统的后续研究。在灌溉过程中未考虑田间施肥、作物轮作等环境因素,可进一步研究采用"水肥耦合,以肥调水"的灌溉方式来提高作物的水分利用效率,增强作物抗旱性,促进对有限水资源的充分利用。以河西地区菘蓝调亏灌溉下最高产量为目标函数建立的调亏灌溉决策优化模型,仅采用改进后的自适应遗传算法对调亏灌溉决策优化模型进行求解,虽获得了一些研究成果,但随着优化理论的发展,还有许多高效、精确的智能优化算法可以用于各领域的优化问题中,例如人工神经网络算法、布谷鸟算法和粒子群算法等。将多种优化算法结合起来对调亏灌溉决策进行优化,将会是未来的研究方向。将 Java 语言实现的对菘蓝调亏灌溉决策优化模型求解的自适应遗传算法计算系统与现有自动化灌溉设施相结合,提高灌溉设施智能化水平,减少人工参与,降低维护使用成本,是提高灌溉设施使用率的有效手段,但对现有自动化灌溉设施如何进行升级改造研究还不够充分,有待进一步深入学习研究。

参 考 文 献

[1] 邢英英, 张富仓, 张燕, 等. 滴灌施肥水肥耦合对温室番茄产量、品质和水氮利用的影响[J]. 中国农业科学, 2015, 48(4):713-726.

[2] 刘振兴, 杨振华, 邱孝煊, 等. 肥料增产贡献率及其对土壤有机质的影响[J]. 植物营养与肥料学报, 1994(1):19-26.

[3] Galloway J N, Dentener F J, Capone D G, et al. Nitrogen cycles: past, present, and future[J]. Biogeochemistry, 2004, 70(2):153-226.

[4] Liu J, Diamond J. China's environment in a globalizing world[J]. Nature, 2005, 435(7046): 1179-1186.

[5] Liu J, Diamond J. Revolutionizing China's environmental protection[J]. Science, 2008, 319(5859):37-38.

[6] 夏军, 翟金良, 占车生. 我国水资源研究与发展的若干思考[J]. 地球科学进展, 2011, 26(9):905-915.

[7] 吴普特, 赵西宁, 冯浩, 等. 农业经济用水量与我国农业战略节水潜力[J]. 中国农业科技导报, 2007(6):13-17.

[8] 国家药典委员会. 中华人民共和国药典[M]. 北京:中国医药科技出版社, 2015.

[9] 彭少平, 顾振纶. 板蓝根化学成分、药理作用研究进展[J]. 中国野生植物资源, 2005(5):7-10.

[10] 杨春望. 板蓝根药理研究进展[J]. 中国现代药物应用, 2016, 10(9):282-283.

[11] Cheng Wen Lin, Fuu Jen Tsai, Chang Hai Tsai, et al. Anti-SARS coronavirus 3C-like protease effects of Isatis indigotica root and plant-derived phenolic compounds[J]. Antiviral Research, 2005, 68(1): 36-42.

[12] 高慧琴, 陈正君, 晋玲. 十大陇药(十)—板蓝根[J]. 甘肃中医药大学学报, 2014, 31(4): 2.

[13] Banedjschafie S, Bastani S, Widmoser P, et al. Improvement of water use and N fertilizer efficiency by subsoil irrigation of winter wheat[J]. European Journal of Agronomy, 2008, 28(1):1-7.

[14] 朱娟娟, 梁银丽, Tremblay Nicolas. 不同水氮处理对玉米氮素诊断指标的影响(英文)[J]. 作物学报, 2011, 37(7):1259-1265.

[15] 刘小刚, 张富仓, 杨启良, 等. 交替隔沟灌溉条件下玉米群体水氮利用研究[J]. 农业机械学报, 2011, 42(5):100-105.

[16] 忠智博, 翟国亮, 邓忠, 等. 不同水氮处理对北疆棉花生长特性及产量的影响[J]. 节水灌溉, 2019(12):1-5,11.

[17] 吕凤华, 张丽华, 赵洪祥, 等. 不同水氮调控对玉米农艺性状及产量的影响[J]. 吉林农业科学, 2012, 37(2):4-7,13.

[18] 李韵珠, 王凤仙, 刘来华. 土壤水氮资源的利用与管理 I. 土壤水氮条件与根系生长[J]. 植物营养与肥料学报, 1999(3): 206-207,209-213.

[19] 彭涛涛, 边少锋, 张丽华, 等. 水氮调控对玉米根系及产量的影响[J]. 吉林农业科学, 2014, 39(5):53-57,75.

[20] 孟亮, 张文明, 邱晓丽, 等. 水肥一体化技术对辣椒干物质积累及养分吸收规律的影响[J]. 水土保持通报, 2017, 37(5):290-296.

[21] 董剑, 赵万春, 高翔, 等. 水氮调控对小麦植株干物质积累、分配与转运的影响[J]. 华北农学报, 2012, 27(3):196-202.

[22] 何万春. 不同氮水平对覆膜马铃薯干物质积累和氮素吸收的影响[D]. 兰州: 甘肃农业大学, 2015.

[23] 侯森, 侯振安, 冶军, 等. 咸水滴灌条件下棉花生长和氮素吸收对水氮的响应[J]. 新疆农业科学, 2010, 47(9):1882-1887.

[24] 范雪梅. 花后干旱和渍水下氮素对小麦籽粒品质形成的影响及其生理机制[D]. 南京: 南京农业大学, 2004.

[25] 马东辉, 王月福, 周华, 等. 氮肥和花后土壤含水量对小麦干物质积累、运转及产量的影响[J]. 麦类作物学报, 2007(5): 847-851.

[26] 龚江, 王海江, 谢海霞, 等. 膜下滴灌水氮耦合对棉花生长和产量的影响[J]. 灌溉排水学报, 2008, 27(6):51-54.

[27] 冯淑梅, 张忠学. 滴灌条件下水肥耦合对大豆生长及水分利用效率的影响[J]. 灌溉排水学报, 2011, 30(4):65-67, 75.

[28] 匡廷云. 光驱动生命世界[J]. 科学世界, 2010(5):1.

[29] 董博, 张绪成, 张东伟, 等. 水氮互作对春小麦叶片叶绿素含量及光合速率的影响[J]. 干旱地区农业研究, 2012, 30(6):88-93.

[30] 程铭正, 李磊, 马超, 等. 冬小麦西农 979 光合、水肥利用和产量的水氮效应[J]. 麦类作物学报, 2014, 34(3): 380-387.

[31] 李银坤, 武雪萍, 吴会军, 等. 水氮条件对温室黄瓜光合日变化及产量的影响[J]. 农业工程学报, 2010, 26(增刊):122-129.

[32] 葛君, 姜晓君. 施氮量对小麦旗叶光合特性、SPAD 值、籽粒产量及碳氮代谢的影响[J]. 天津农业科学, 2019, 25(3): 1-4.

[33] 王婷婷, 祝贞科, 朱捍华, 等. 施氮和水分管理对光合碳在土壤–水稻系统间分配的量化研究[J]. 环境科学, 2017, 38(3): 1227-1234.

[34] 张彦群, 王建东, 龚时宏, 等. 滴灌条件下冬小麦施氮增产的光合生理响应[J]. 农业工程学报, 2015, 31(6):170-177.

[35] 陈骏骏, 张明明, 董宝娣, 等. '小偃 60' 在不同水氮条件下的用水特性[J]. 中国生态农业学报, 2015, 23(10):1253-1259.

[36] 樊吴静, 谭冠宁, 罗兴录, 等. 水氮耦合对旱藕生理特性及产量的影响[J]. 南方农业学报, 2019, 50(1): 45-52.

[37] 李志勇, 王璞, 翟志席, 等. 两种不同水氮措施对小麦生育及产量的影响[J]. 耕作与栽培, 2001 (5): 19-21.

[38] Hamzei J. Seed, Oil, and Protein Yields of Canola under Combinations of Irrigation and Nitrogen Application[J]. Agronomy Journal, 2011,103(4):1152-1158.

[39] 何昌福, 张健, 邱慧珍, 等. 不同氮水平对旱地覆膜马铃薯 '青薯 9 号' 干物质积累分配及产量的影响[J]. 甘肃农业大学学报, 2017, 52(2): 19-26.

[40] 张仁陟, 李小刚, 胡恒觉. 施肥对提高旱地农田水分利用效率的机理[J]. 植物营养与肥料学报, 1999(3): 221-226.

[41] 同延安, 赵营, 赵护兵, 等. 施氮量对冬小麦氮素吸收、转运及产量的影响[J]. 植物营养与肥料学报, 2007(1): 64-69.

[42] 高娜, 张玉龙, 曲晶, 等. 水氮联合调控对小油菜生长、产量及品质的影响[J]. 中国土壤与肥料, 2016(4):84-89.

[43] 朱倩倩,刘国宏,许咏梅,等.水氮对新疆南部麦后复种饲料油菜产量和品质的影响[J].中国生态农业学报(中英文),2019,27(7):1033-1041.

[44] 买自珍,杨彩玲,米治明.水氮对薯田土壤水分及马铃薯产量的影响[J].节水灌溉,2016(11):28-31,35.

[45] 汪耀富,杨天旭,孙德梅,等.灌水及氮素形态对烤烟营养元素含量及产量品质的影响[J].河南农业大学学报,2006(5):477-481.

[46] 李秋霞,王晨阳,马冬云,等.灌水及施氮对高产区小麦产量及品质性状的影响[J].麦类作物学报,2014,34(1):102-107.

[47] 张军,李建明,张中典,等.水肥对番茄产量、品质和水分利用率的影响及综合评价[J].西北农林科技大学学报(自然科学版),2016,44(7):215-222.

[48] 姜涛.氮肥运筹对夏玉米产量、品质及植株养分含量的影响[J].植物营养与肥料学报,2013,19(3):559-565.

[49] 周栋.施氮量对渭北旱地冬小麦生长、产量与品质的影响[D].杨凌:西北农林科技大学,2019.

[50] 曾化伟.土壤水分与施氮量对辣椒部分生理特性及产量品质的影响[D].贵阳:贵州大学,2007.

[51] 高亚军,郑险峰,李世清,等.农田秸秆覆盖条件下冬小麦增产的水氮条件[J].农业工程学报,2008(1):55-59.

[52] 褚鹏飞,王东,张永丽,等.灌水时期和灌水量对小麦耗水特性、籽粒产量及蛋白质组分含量的影响[J].中国农业科学,2009,42(4):1306-1315.

[53] 黄玲,高阳,邱新强,等.灌水量和时期对不同品种冬小麦产量和耗水特性的影响[J].农业工程学报,2013,29(14):99-108.

[54] 王淑芬,张喜英,裴冬.不同供水条件对冬小麦根系分布、产量及水分利用效率的影响[J].农业工程学报,2006(2):27-32.

[55] 汪耀富,李广安,张新堂.不同灌水条件下烤烟耗水特征和用水效率的研究[J].中国烟草,1995(1):4-8.

[56] 段文学,于振文,张永丽,等.施氮量对旱地小麦耗水特性和产量的影响[J].作物学报,2012,38(9):1657-1664.

[57] 郑成岩,于振文,张永丽,等.不同施氮水平下灌水量对小麦水分利用特征和产量的影响[J].应用生态学报,2010,21(11):2799-2805.

[58] Xin Wang,Yu Shi,Zengjiang Guo, et al. Water use and soil nitrate nitrogen changes under supplemental irrigation with nitrogen application rate in wheat field[J]. Field Crops Research,2015,183: 117-125.

[59] 刘青林,张恩和,王琦,等.灌溉与施氮对留茬免耕春小麦耗水规律、产量和水分利用效率的影响[J].草业学报,2012,21(5):169-177.

[60] 李正鹏,宋明丹,冯浩.不同降水年型水氮运筹对冬小麦耗水和产量的影响[J].农业工程学报,2018,34(18):160-167.

[61] 王田涛,师尚礼,张恩和,等.灌溉与施氮对紫花苜蓿干草产量及水分利用效率的影响[J].生态学杂志,2010,29(7):1301-1306.

[62] 冯福学,慕平,赵桂琴,等.西北绿洲灌区水氮耦合对燕麦品种陇燕3号耗水特性及产量的影响[J].作物学报,2017,43(9):1370-1380.

[63] 李生秀,李世清,高亚军,等.施用氮肥对提高旱地作物利用土壤水分的作用机理和效果[J].干旱地区农业研究,1994(1):38-46.

[64] 闻磊,张富仓,邹海洋,等.水分亏缺和施氮对春小麦生长和水氮利用的影响[J].麦类作物学报,2019,39(4):478-486.

[65] 尹光华,刘作新,李桂芳,等. 水肥耦合对春小麦水分利用效率的影响[J]. 水土保持学报,2004 (6):156-158,162.

[66] 闵伟,侯振安,冶军,等.灌溉水盐度和施氮量对棉花产量和水氮利用的影响[J].植物营养与肥料学报,2013,19(4):858-867.

[67] 胡云才,Reinhold G,Urs S. 从德国农业氮投入来认识中国氮污染的严重性及应采取的对策[J]. 磷肥与复肥,2004(5):8-12.

[68] 潘家荣,巨晓棠,刘学军,等. 水氮优化条件下在华北平原冬小麦/夏玉米轮作中化肥氮的去向 [J]. 核农学报,2009,23(2):334-340,307.

[69] 丁洪,郭庆元.氮肥对不同品种大豆氮积累和产量品质的影响[J].土壤通报,1995(1):18-21.

[70] 齐鹏,刘晓静,刘艳楠,等.施氮对不同紫花苜蓿品种氮积累及土壤氮动态变化的影响[J].草地学报,2015,23(5):1026-1032.

[71] 焦峰,王鹏,翟瑞常.氮肥形态对马铃薯氮素积累与分配的影响[J].中国土壤与肥料,2012(2):39-44.

[72] 王晶君,张恒,夏海乾,等.土壤不同有机质含量及施氮条件下烤烟的氮素积累及分配利用规律 [J].贵州农业科学,2012,40(5):54-59.

[73] 李世清,李生秀.半干旱地区农田生态系统中硝态氮的淋失[J].应用生态学报,2000(2):240-242.

[74] 徐明杰,董娴娴,刘会玲,等. 不同管理方式对小麦氮素吸收、分配及去向的影响[J]. 植物营养与肥料学报,2014,20(5):1084-1093.

[75] 栗丽,洪坚平,王宏庭,等.水氮互作对冬小麦氮素吸收分配及土壤硝态氮积累的影响[J].水土保持学报,2013,27(3):138-142,149.

[76] 杨君林,马忠明,张立勤,等.施氮量对河西绿洲灌区垄作春小麦土壤水氮动态及吸收利用的影响 [J].麦类作物学报,2015,35(9):1262-1268.

[77] 张丽娟,巨晓棠,张福锁,等. 土壤剖面不同层次标记硝态氮的运移及其后效[J]. 中国农业科学,2007(9):1964-1972.

[78] 吴永成,王志敏,周顺利.[15]N 标记和土柱模拟的夏玉米氮肥利用特性研究[J].中国农业科学,2011,44(12):2446-2453.

[79] 高娜,张玉龙,刘玉,等.水氮调控对小油菜养分吸收、水氮利用效率及产量的影响[J].中国生态农业学报,2017,25(6):821-828.

[80] 王晓英,贺明荣,刘永环,等. 水氮耦合对冬小麦氮肥吸收及土壤硝态氮残留淋溶的影响[J]. 生态学报,2008(2):685-694.

[81] 雒文鹤,师祖姣,王旭敏,等.节水减氮对土壤硝态氮分布和冬小麦水氮利用效率的影响[J].作物学报,2020,46(6):924-936.

[82] 李文明. 益民灌区板蓝根畦灌灌溉制度试验研究[D]. 兰州:甘肃农业大学,2007.

[83] 王玉才.河西绿洲菘蓝水分高效利用及调亏灌溉模式优化研究[D].兰州:甘肃农业大学,2018.

[84] 韦泽秀,梁银丽,周茂娟,等.水肥组合对日光温室黄瓜叶片生长和产量的影响[J].农业工程学报,2010,26(3):69-74.

[85] 鲍士旦.土壤农化分析[M].3 版.北京:中国农业出版社,2000.

[86] 巨晓棠. 氮肥有效率的概念及意义:兼论对传统氮肥利用率的理解误区[J]. 土壤学报,2014,51(5):921-933.

[87] 巨晓棠,刘学军,邹国元,等. 冬小麦/夏玉米轮作体系中氮素的损失途径分析[J]. 中国农业科学,2002(12):1493-1499.

[88] 巨晓棠,刘学军,张福锁. 冬小麦与夏玉米轮作体系中氮肥效应及氮素平衡研究[J]. 中国农业科

学，2002(11)：1361-1368.

[89] 张永清，李岩坤. 影响药用植物体内生物碱含量的因素[J]. 齐鲁中医药情报，1991(3)：10-12.

[90] 刘钦普. 中国化肥投入区域差异及环境风险分析[J]. 中国农业科学，2014，47(18)：3596-3605.

[91] Huang J K, Huang Z R, Jia X P, et al. Long-term reduction of nitrogen fertilizer use through knowledge training in rice production in China[J]. Agricultural Systems, 2015, 135：105-111.

[92] 牛振明. 化肥减量及氮素形态配比对甘蓝养分吸收、产量和品质的影响[D]. 兰州：甘肃农业大学，2014.

[93] 易媛，董召娣，张明伟，等. 减氮对半冬性中筋小麦产量、NUE 及氮代谢关键酶活性的影响[J]. 核农学报，2015，29(2)：365-374.

[94] Qiao J, Yang L Z, Yan T M, et al. Nitrogen fertilizer reduction in rice production for two consecutive years in the Taihu Lake area[J]. Agriculture, Ecosystems & Environment, 2012, 146(1)：103-112.

[95] 杨苗苗. 甘肃地产板蓝根的质量研究[D]. 兰州：甘肃中医药大学，2015.

[96] 梁燕. 不同氮素水平对苹果幼苗生长发育的影响[D]. 杨凌：西北农林科技大学，2015.

[97] 卢丽兰，杨新全，杨勇，等. 不同供氮水平对广藿香产量与品质的影响[J]. 植物营养与肥料学报，2014，20(3)：702-708.

[98] 张云风，郭宝林，杨相波，等. 水培条件下氮素对拟巫山淫羊藿产量和黄酮类成分的影响[J]. 中国中药杂志，2017，42(23)：4574-4581.

[99] 雷艳，张富仓，寇雯萍，等. 不同生育期水分亏缺和施氮对冬小麦产量及水分利用效率的影响[J]. 西北农林科技大学学报(自然科学版)，2010，38(5)：167-174,180.

[100] 张明，黄彩霞，韩辉生，等. 洪水河灌区灌溉预报研究：以板蓝根灌区为例[J]. 安徽农业科学，2008(25)：11045-11046,11062.

[101] 李文明，施坰林，韩辉生，等. 节水灌溉制度对板蓝根耗水特征及产量的影响[J]. 灌溉排水学报，2007(6)：106-109.

[102] Halford Nigel G, Hey Sandra, Jhurreea Deveraj, et al. Highly conserved protein kinases involved in the regulation of carbon and amino acid metabolism[J]. Journal of Experimental Botany, 2004, 55(394)：35-42.

[103] Fusuo Zhang, Zhenling Cui, Weifeng Zhang. Managing nutrient for both food security and environmental sustainability in China：an experiment for the world[J]. Frontiers of Agricultural Science & Engineering, 2014, 1(1)：53-61.

[104] 谢志良，田长彦. 膜下滴灌水氮耦合对棉花干物质积累和氮素吸收及水氮利用效率的影响[J]. 植物营养与肥料学报，2011，17(1)：160-165.

[105] González E M, Gordon A J, James C L, et al. The role of sucrose synthase in the response of soybean nodules to drought[J]. Journal of Experimental Botany, 1995, 46(10)：1515-1523.

[106] Xu Z Z, Zhou G S. Nitrogen Metabolism and Photosynthesis in Leymus Chinensisin Response to Long-term Soil Drought[J]. Journal of Plant Growth Regulation, 2006, 25：252-266.

[107] 曾希柏，李菊梅. 中国不同地区化肥施用及其对粮食生产的影响[J]. 中国农业科学，2004(3)：387-392,469-470.

[108] 张阳，刘海涛，张昭，等. 生物碱的生理生态功能及影响其形成的因素[J]. 中国农学通报，2014，30(28)：251-254.

[109] 刘大会，郭兰萍，黄璐琦，等. 矿质营养对药用植物黄酮类成分合成的影响[J]. 中国中药杂志，2010，35(18)：2367-2371.

[110] 朱孟炎，于博帆，陈华峰. 外源硝态氮水平对长春花生理代谢的影响[J]. 植物研究，2016，36

(4):535-541.

[111] 丁丽洁,李霞,刘强. 氮素浓度对黄檗幼苗主要次生代谢产物的影响[J]. 人参研究, 2013, 25
　　(4):39-41.

[112] 胡霭堂. 植物营养学(下)[M]. 2版. 北京:中国农业大学出版社, 2003.

[113] 郭丙玉,高慧,唐诚,等. 水肥互作对滴灌玉米氮素吸收、水氮利用效率及产量的影响[J]. 应用
　　生态学报, 2015, 26(12):3679-3686.

[114] 孔东,晏云,段艳,等. 不同水氮处理对冬小麦生长及产量影响的田间试验[J]. 农业工程学报,
　　2008, 24(12):36-40.

[115] 杨荣,苏永中. 水氮配合对绿洲沙地农田玉米产量、土壤硝态氮和氮平衡的影响[J]. 生态学报,
　　2009, 29(3): 1459-1469.

[116] 刘星,张书乐,刘国锋,等. 连作对甘肃中部沿黄灌区马铃薯干物质积累和分配的影响[J]. 作
　　物学报, 2014, 40(7):1274-1285.

[117] 曹艺雯,屈仁军,王磊,等. 减量施氮对菘蓝生长及药材质量的影响[J]. 植物营养与肥料学报,
　　2019, 25(5): 765-772.

[118] 吴巍,赵军. 植物对氮素吸收利用的研究进展[J]. 中国农学通报, 2010, 26(13):75-78.

[119] 王雨,唐晓清,施晟璐,等. 不同施氮水平对盐胁迫下苗期菘蓝生理特性及根中(R,S)-告依春
　　含量的影响[J]. 核农学报, 2017, 31(2): 394-401.

[120] 王小峰. 氮磷钾配比对何首乌农艺性状及产量的影响研究[D]. 重庆:西南大学, 2007.

[121] 张德利,涂永勤,陈仕江,等. 黄连干物质积累的变化规律[J]. 贵州农业科学, 2012, 40(1):
　　44-46.

[122] 翟彩霞,温春秀,王凯辉,等. 氮、磷、钾肥对丹参根系生长及养分含量的影响[J]. 华北农学报,
　　2008,(增刊):220-223.

[123] 王渭玲,王振,徐福利. 氮、磷、钾对膜荚黄芪生长发育及有效成分的影响[J]. 中国中药杂志,2008
　　(15):1802-1805.

[124] 朱维琴,吴良欢,陶勤南. 作物根系对干旱胁迫逆境的适应性研究进展[J]. 土壤与环境, 2002
　　(4):430-433.

[125] Frink C R, Waggoner P E, Ausubel J H. Nitrogen fertilizer: Retrospect and prospect[J]. Proceedings
　　of the National Academy of Sciences, 1999, 96(4):1175-1180.

[126] 赵平,孙谷畴,彭少麟. 植物氮素营养的生理生态学研究[J]. 生态科学,1998(2):39-44.

[127] 张凯,陈年来,顾群英,等. 不同抗旱性小麦气体交换特性和生物量积累与分配对水氮的响应
　　[J]. 核农学报,2016,30(4): 797-804.

[128] 匡鹤凌,汪贵斌,曹福亮. 氮素对喜树光合作用、营养元素和喜树碱含量的影响[J]. 南京林业大
　　学学报(自然科学版), 2016, 40(3):15-20.

[129] 李强,罗延宏,余东海,等. 低氮胁迫对耐低氮玉米品种苗期光合及叶绿素荧光特性的影响[J].
　　植物营养与肥料学报, 2015, 21(5): 1132-1141.

[130] 晏枫霞,王康才,罗庆云,等. 氮素形态对菘蓝氮代谢、光合作用及生长的影响[J]. 中国中药杂
　　志, 2009, 34(16):2039-2042.

[131] Farquhar G D, Von C S, Berry J A. Models of Photosynthesis[J]. Plant Physiology, 2001, 125(1):
　　42-45.

[132] 关佳莉,王刚,陈曦,等. 氮营养对苗期菘蓝生长及活性成分的影响[J]. 生态学杂志, 2018, 37
　　(8):2331-2338.

[133] 于文颖,纪瑞鹏,冯锐,等. 不同生育期玉米叶片光合特性及水分利用效率对水分胁迫的响应

[J]. 生态学报, 2015, 35(9):2902-2909.

[134] 肖云华, 吕婷婷, 唐晓清, 等. 追施氮肥量对菘蓝根的外形品质、干物质积累及活性成分含量的影响[J]. 植物营养与肥料学报, 2014, 20(2):437-444.

[135] Ledoigt G, Griffaut B, Debiton E, et al. Analysis of secreted protease inhibitors after water stress in potato tubers[J]. International Journal of Biological Macromolecules, 2006, 38(3-5):268-271.

[136] 王玉才, 张恒嘉, 邓浩亮, 等. 调亏灌溉下菘蓝耗水量变化特征[J]. 水土保持通报, 2019, 39(2):167-171.

[137] 马兴华, 王东, 于振文, 等. 不同施氮量下灌水量对小麦耗水特性和氮素分配的影响[J]. 生态学报, 2010, 30(8):1955-1965.

[138] 邱新强, 路振广, 张玉顺, 等. 不同生育时期干旱对夏玉米耗水及水分利用效率的影响[J]. 中国农学通报, 2013, 29(27):68-75.

[139] 张步翀. 河西绿洲灌区春小麦调亏灌溉试验研究[J]. 中国生态农业学报, 2008(1):35-40.

[140] 唐文雪, 马忠明, 王景才. 施氮量对旱地全膜双垄沟播玉米田土壤硝态氮、产量和氮肥利用率的影响[J]. 干旱地区农业研究, 2015, 33(6):58-63.

[141] 朱兆良. 农田中氮肥的损失与对策[J]. 土壤与环境, 2000(1):1-6.

[142] 甄东升, 侯格平, 姜青龙, 等. 甘肃省河西走廊板蓝根全膜穴播栽培技术要点[J]. 农业科技与信息, 2015(12):63,69.

[143] 张文斌, 张荣, 李文德, 等. 水肥耦合对河西绿洲板蓝根生理特性及产量影响[J]. 西北农业学报, 2017, 26(1):25-31.

[144] 吕殿青, 杨进荣, 马林英. 灌溉对土壤硝态氮淋吸效应影响的研究[J]. 植物营养与肥料学报, 1999(4):307-315.

[145] 杜会英, 冯洁, 郭海刚, 等. 麦季牛场肥水灌溉对冬小麦-夏玉米轮作土壤氮素平衡的影响[J]. 农业工程学报, 2015, 31(3):159-165.

[146] 岳文俊, 张富仓, 李志军, 等. 水氮耦合对甜瓜氮素吸收与土壤硝态氮累积的影响[J]. 农业机械学报, 2015, 46(2):88-96,119.

[147] 银敏华, 李援农, 李昊, 等. 氮肥运筹对夏玉米根系生长与氮素利用的影响[J]. 农业机械学报, 2016, 47(6):129-138.

[148] 商放泽, 杨培岭, 任树梅, 等. 施肥模式对日光温室土壤铵态氮和硝态氮的影响[J]. 农业机械学报, 2012, 43(7):73-78,49.

[149] Mike Wei, Alan P Kohut, Dave Kalyn, et al. Occurrence of nitrate in groundwater, Grand Forks, British Columbia[J]. Quaternary International, 1993, 20:39-49.

[150] Hooker M L, Gwin R E, Herron G M, et al. Effects of long-term, annual application of N and P on corn grain yields and soil chemical properties[J]. Agronomy Journal, 1983, 75(1):94-99.

[151] Bhogal A, Rochford A D, Sylvester-Bradley R. Net changes in soil and crop nitrogen in relation to the performance of winter wheat given wide-ranging annual nitrogen applications at Ropsley, UK[J]. The Journal of Agricultural Science, 2000, 135(2):139-149.

[152] Xiao-Tang J U, Liu X J, Pan J R, et al. Fate of ^{15}N-Labeled Urea Under a Winter Wheat-Summer Maize Rotation on the North China Plain[J]. Pedosphere, 2007, 17(1):52-61.

[153] 丁世杰, 熊淑萍, 马新明, 等. 耕作方式与施氮量对小麦-玉米复种系统玉米季土壤氮素转化及产量的影响[J]. 应用生态学报, 2017, 28(1):142-150.

[154] 王振华, 权丽双, 郑旭荣, 等. 水氮耦合对滴灌复播油葵氮素吸收与土壤硝态氮的影响[J]. 农业机械学报, 2016, 47(10):91-100.

[155] 陈林,张佳宝,赵炳梓,等. 不同水氮耦合管理下耕层土壤的氮动态[J]. 土壤学报,2013,50(3):459-468.

[156] 张鹏飞,张翼飞,王玉凤,等. 膜下滴灌氮肥分期追施量对玉米氮效率及土壤氮素平衡的影响[J]. 植物营养与肥料学报,2018,24(4):915-926.

[157] Raun W R, Johnson G V, Westerman R L. Fertilizer Nitrogen Recovery in Long-Term Continuous Winter Wheat[J]. Soil Science Society of America Journal, 1999, 63(3):645-650.

[158] 潘家荣,巨晓棠,刘学军,等. 高肥力土壤冬小麦/夏玉米轮作体系中化肥氮去向研究[J]. 核农学报,2001(4):207-212.

[159] 杨荣,苏永中,王雪峰. 绿洲农田氮素积累与淋溶研究述评[J]. 生态学报,2012,32(4):304-313.

[160] 侯云鹏,李前,孔丽丽,等. 不同缓/控释氮肥对春玉米氮素吸收利用、土壤无机氮变化及氮平衡的影响[J]. 中国农业科学,2018,51(20):3928-3940.

[161] 山楠,杜连凤,毕晓庆,等. 用^{15}N肥料标记法研究潮土中玉米氮肥的利用率与去向[J]. 植物营养与肥料学报,2016,22(4):930-936.

[162] 金轲,汪德水,蔡典雄,等. 水肥耦合效应研究 Ⅱ. 不同 N、P、水配合对旱地冬小麦产量的影响[J]. 植物营养与肥料学报,1999(1):9-14.

[163] 王绍华,曹卫星,丁艳锋,等. 水氮互作对水稻氮吸收与利用的影响[J]. 中国农业科学,2004(4):497-501.

[164] 宋娜,王凤新.杨晨飞,等. 水氮耦合对膜下滴灌马铃薯产量、品质及水分利用的影响[J]. 农业工程学报,2013,29(13):98-105.

[165] 刘世全,曹红霞,杨慧,等. 水氮供应与番茄产量和生长性状的关联性分析[J]. 中国农业科学,2014,47(22):4445-4452.

[166] Power J F, Schepers J S. Nitrate contamination of groundwater in North America[J]. Agriculture, Ecosystems & Environment, 1989, 26(3-4):165-187.

[167] 何进宇,田军仓.膜下滴灌旱作水稻水肥耦合模型及组合方案优化[J].农业工程学报,2015,31(13):77-82.

[168] 翟丙年,李生秀.冬小麦产量的水肥耦合模型[J].中国工程科学,2002(9):69-74.

[169] 薛亮,周春菊,雷杨莉,等.夏玉米交替灌溉施肥的水氮耦合效应研究[J].农业工程学报,2008(3):91-94.

[170] 王玉才,张恒嘉,邓浩亮,等.调亏灌溉对菘蓝水分利用及产量的影响[J].植物学报,2018,53(3):322-333.

[171] 邓浩亮,张恒嘉,李福强,等.河西绿洲菘蓝生长、光合特性及品质对膜下滴灌调亏的响应[J].水土保持学报,2018,32(3):321-327.

[172] 王宏霞,蔡子平,王国祥,等.甘肃中部干旱半干旱区配方施肥对板蓝根产量的影响[J].中兽医医药杂志,2018,37(4):5-9.

[173] 王恩军,陈垣,韩多红,等.栽培方式对菘蓝农艺性状及产量和品质的影响[J].中国生态农业学报,2017,25(11):1661-1670.

[174] C Mariano Cossani, Gustavo Slafer, Roxana Savin. Co-limitation of nitrogen and water, and yield and resource-use efficiencies of wheat and barley [J]. Crop and Pasture Science, 2010, 61:844-851.

[175] 刘明,张忠学,郑恩楠,等. 不同水氮管理模式下玉米光合特征和水氮利用效率试验研究[J].灌溉排水学报,2018,37(12):27-34.

[176] 王殿武,刘树庆,文宏达,等.高寒半干旱区春小麦田施肥及水肥耦合效应研究[J].中国农业科

学,1999(5):62-68.

[177] 徐泰森,孙扬,刘彦萱,等.膜下滴灌水肥耦合对半干旱区玉米生长发育及产量的影响[J].玉米科学,2016,24(5):118-122.

[178] 杨首乐,邓忠,翟国亮,等.干旱区水氮耦合效应对棉花生长性状及产量的影响[J].中国农学通报,2016,32(24):103-108.

[179] 李九一,李丽娟.中国水资源对区域社会经济发展的支撑能力[J].地理学报,2012,67(3):410-419.

[180] 封志明,杨艳昭,游珍.中国人口分布的水资源限制性与限制度研究[J].自然资源学报,2014,29(10):1637-1648.

[181] 王磊.衡水市水资源开发现状及可持续利用对策分析[J].水利技术监督,2016,24(1):55-57.

[182] 徐义军,刘思妍,姚帮松,等.农田灌溉水有效利用系数研究进展[J].湖南水利水电,2020(3):64-68.

[183] 王晓晓.灌溉水价、技术进步对农业用水强度的影响研究[D].武汉:华中农业大学,2021.

[184] 曾攀儒.植被水分利用效率时空变化及影响因素分析:以河西绿洲植被为例[D].西安:陕西师范大学,2020.

[185] 王京晶,刘鹄,徐宗学,等.基于昼夜水位波动法估算地下水蒸散发量的研究:以河西走廊典型绿洲为例[J].干旱区研究,2021,38(1):59-67.

[186] 王新源,刘世增,陈翔舜,等.河西走廊绿洲面积动态及其驱动因素[J].中国沙漠,2019,39(4):212-219.

[187] Li W D, Li Z Z, Wang J Q. Evaluation of oasis ecosystem risk by reliability theory in an arid area：A case study in the Shiyang River Basin, China[J]. Journal of Environmental Sciences,2007,19(4):508-512.

[188] 冯博,聂振龙,王金哲,等.石羊河流域绿洲长时间系列遥感动态监测[J].地理空间信息,2020,18(12):10-13,23,6.

[189] 唐霞,李森.历史时期河西走廊绿洲演变研究的进展[J].干旱区资源与环境,2021,35(7):48-55.

[190] 赵文智,任珩,杜军,等.河西走廊绿洲生态建设和农业发展的若干思考与建议[J].中国科学院院刊,2023,38(3):424-434.

[191] 中国科学院《中国植物志》编辑委员会.中国植物志[M].北京:科学出版社,1987:65.

[192] Liu Q Q, Luo L, Zheng L Q. Lignins：biosynthesis and biological functions in plants[J]. International Journal of Molecular Sciences,2018,19(2):335.

[193] 侯宪邦.板蓝根潜在药效成分的发现及其作用机制的研究[D].南京:南京中医药大学,2017.

[194] 邓九零,陶玉龙,何玉琼,等.板蓝根抗流感病毒活性成分及其作用机制研究进展[J].中国中药杂志,2021,46(8):2029-2036.

[195] 刘盛,陈万生,乔传卓,等.不同种质板蓝根和大青叶的抗甲型流感病毒作用[J].第二军医大学学报,2000(3):204-206.

[196] Du Z J, Liu H, Zhang Z L, et al. Antioxidant and anti-inflammatory activities of Radix isatidis polysaccharide in murine alveolar macrophages[J]. International Journal of Biological Macromolecules,2013,58:329-335.

[197] 王恩军.菘蓝栽培技术优化调控机制研究[D].兰州:甘肃农业大学,2018.

[198] 安益强,贾晓斌,昌莉丽,等.不同产地板蓝根药材中 Clemastanin B 的含量比较[J].中国中药杂志,2009,34(14):1823-1825.

[199] 侯格平,甄东升,姜青龙,等.民乐县板蓝根高产优质栽培试验研究[J].农业科技通讯,2015(9):

132-134.

[200] 杨焕奎.高标准农田建设中节水灌溉技术的应用研究[J].南方农机,2023,54(5):74-76.

[201] 张飔.中国西部人口素质评价及发展策略研究[D].武汉:武汉理工大学,2012.

[202] 马婷婷.浅议农田水利建设中的节水灌溉技术及发展趋势[J].河南农业,2022(32):54-55.

[203] 刘敏国.内陆干旱区调亏灌溉对紫花苜蓿草地生产性能和水分利用的影响[D].兰州:兰州大学,2021.

[204] Geerts S,Raes D. Deficit irrigation as an on-farm strategy to maximize crop water productivity in dry areas[J]. Agricultural Water Management,2009,96(9):1275-1284.

[205] Geerts S,Raes D,Garcia M,et al. Crop water use indicators to quantify the flexible phenolog of quinoa (Chenopodium quinoa Willd.)in response to drought stress[J]. Field Crops Research,2008,108(2):150-156.

[206] 于欣廷,崔宁博,麻泽龙.调亏灌溉应用研究进展[J].四川水利,2020,41(1):3-15.

[207] 杨贵羽,罗远培,李保国.苗期土壤含水率变化对冬小麦根、冠生物量累积动态的影响[J].农业工程学报,2004(2):83-87.

[208] 高旺盛,钟志明.节水灌溉理论与技术模式研究进展[J].农业现代化研究,1999(4):27-30.

[209] 曹正鹏,刘玉汇,张小静,等.亏缺灌溉对马铃薯生长产量及水分利用的影响[J].农业工程学报,2019,35(4):114-123.

[210] Debaeke P,Aboudrare A. Adaptation of crop management to water-limited environments[J]. European Journal of Agronomy,2004,21(4):433-446.

[211] MALVE S H,RAO P,DHAKE A. Evaluation of water production function and optimization of water for winter wheat (Triticum Aestivum L.) under drip irrigation[J]. Ecology,Environment and Conservation,2017, 23(1): 416-424.

[212] 彭永生,苏里坦.全生育期作物水分生产函数的建立:以水稻为例[J].干旱区资源与环境,2003(4):122-124.

[213] 郭相平,康绍忠.调亏灌溉-节水灌溉的新思路[J].西北水资源与水工程,1998(4):22-26.

[214] 庞秀明,康绍忠,王密侠.作物调亏灌溉理论与技术研究动态及其展望[J].西北农林科技大学学报(自然科学版),2005(6):141-146.

[215] Chalmers D J,Mitchell P M,Heek L. Control of peach tree growth and productivity by regulated watersupply,tree density, and summer pruning[J]. Journal of the American Society for Horticultural Science,1981,106(3):307-312.

[216] 史文娟,胡笑涛,康绍忠.干旱缺水条件下作物调亏灌溉技术研究状况与展望[J].干旱地区农业研究,1998(2):87-91.

[217] Chalmers D J,Mitchell P D,Jerie P H. The physiology of growth control of perch an pear trees using reduced irrigation[J]. Acta Horticulture,1984,146(15):143-150.

[218] DaMatta M F,Loos A R,Silva A E, et al. Effects of soil water deficit and nitrogen nutrition on water relations and photosynthesis of pot-grown Emphasis Type = " Italic" Coffea canephora/Emphasis Pierre [J]. Trees,2002,16(8):555-558.

[219] Blackman P G, Davies W J. Root to shoot communication in maize plants of the effects of soil drying [J]. Journal of Experimental Botany,1985,36(1):39-48.

[220] Anne Maree Boland, P D Mitchell, P H Jerie, et al. The effect of regulated deficit irrigation on tree water use and growth of peach[J]. Journal of Horticultural Science,2015,68(2):261-274.

[221] 王鹏宇.基于遗传算法优化 DSSAT 模型的广西地区甘蔗亏缺灌溉的研究[D].邯郸:河北工程大

学,2022.

[222] 王泽义,滕安国,张恒嘉,等.基于模糊综合评价模型的绿洲马铃薯调亏灌溉制度评价[J].中国水运(下半月),2021,21(9):45-47,50.

[223] 邹琳.基于降雨量的非充分灌溉水量优化配置[D].上海:东华大学,2018.

[224] 赵永,蔡焕杰,张朝勇.非充分灌溉研究现状及存在问题[J].中国农村水利水电,2004(4):1-4.

[225] 王志良,付强,梁川,等.非充分灌溉下作物优化灌溉制度仿真[J].农机化研究,2001(4):82-85.

[226] 张兵,袁寿其,李红,等.基于遗传算法求解的冬小麦优化灌溉产量模型研究[J].农业工程学报,2006(8):12-15.

[227] 吴鑫森,王晶,郗志红.基于多年降雨资料的作物灌溉制度多目标优化[J].农业机械学报,2013,44(4):108-112.

[228] 张志宇,郗志红,吴鑫森.冬小麦-夏玉米轮作体系灌溉制度多目标优化模型[J].农业工程学报,2013,29(16):102-111.

[229] 于芷婧,尚松浩.华北轮作农田灌溉制度多目标优化模型及应用[J].水利学报,2016,47(9):1188-1196.

[230] 霍军军,尚松浩.基于模拟技术及遗传算法的作物灌溉制度优化方法[J].农业工程学报,2007(4):23-28.

[231] 邱林,陈守煜,张振伟,等.作物灌溉制度设计的多目标优化模型及方法[J].华北水利水电学院学报,2001(3):90-93,98.

[232] 张琛,詹志辉.遗传算法选择策略比较[J].计算机工程与设计,2009,30(23):5471-5474,5478.

[233] 黄武涛.基于改进遗传算法的大视场摄像机标定方法研究[D].南昌:南昌航空大学,2015.

[234] 张安英.遗传算法在多目标优化中的应用研究[D].阜新:辽宁工程技术大学,2008.

[235] 包子阳,余继周.智能优化算法及其MATLAB实例[M].北京:电子工业出版社,2016.

[236] 温正.精通MATLAB智能算法[M].北京:清华大学出版社,2015.

[237] 张超群,郑建国,钱洁.遗传算法编码方案比较[J].计算机应用研究,2011,28(3):819-822.

[238] 张大科.改进的自适应遗传算法的研究与应用[D].昆明:昆明理工大学,2019.

[239] 李绍新.动态光散射测量粒径分布的格雷码编码遗传算法反演运算[J].计算物理,2008(3):323-329.

[240] 罗辞勇,卢斌,刘飞.一种求解TSP初始化种群问题的邻域法[J].重庆大学学报,2009,32(11):1311-1315.

[241] 周明,孙树栋.遗传算法原理及应用[M].北京:国防工业出版社,1999.

[242] 郑衍波.基于遗传算法的灌排结合渠系优化设计研究[D].哈尔滨:东北农业大学,2021.

[243] 马朋辉.灌区微灌独立管网系统优化设计研究[D].杨凌:西北农林科技大学,2016.

[244] 夏桂梅,曾建潮.一种基于轮盘赌选择遗传算法的随机微粒群算法[J].计算机工程与科学,2007(6):51-54.

[245] 蔡军,邹鹏,沈弼龙,等.基于改进轮盘赌策略的反馈式模糊测试方法[J].四川大学学报(工程科学版),2016,48(2):132-138.

[246] 魏平,李利杰,熊伟清.求解TSP问题的一种混合遗传算法[J].计算机工程与应用,2005(12):70-73.

[247] 丁家会.自适应遗传算法的模型改进及应用研究[D].徐州:江苏师范大学,2019.

[248] 戴喜华,姚维.改进的遗传算法在分类规则挖掘中的应用[J].微计算机信息,2010,26(33):147-149.

[249] Foster T, Brozović N. Simulating Crop-Water Production Functions Using Crop Growth Models to Support

Water Policy Assessments[J]. Ecological Economics,2018,152:9-21.

[250] 刘坤,郑旭荣,任政,等. 作物水分生产函数与灌溉制度的优化[J]. 石河子大学学报(自然科学版),2004(5):383-385.

[251] Pereira L S, Paredes P, Jovanovic N. Soil water balance models for determining crop water and irrigation requirements and irrigation scheduling focusing on the FAO 56 method and the dual Kc approach[J]. Agricultural Water Management,2020,241:106357.

[252] 文静,黄小龙. 河西走廊区域地下水埋深动态影响因素研究[J]. 地下水,2019,41(6):37-40.

[253] 周晨莉. 调亏灌溉对绿洲膜下滴灌菘蓝生理特性、产量及品质的影响[D]. 兰州:甘肃农业大学,2020.

[254] 张馨民,曲玮,魏胜文,等. 内陆干旱区主要农作物经济效益实证调查:以甘肃省民乐县为例[J]. 中国农学通报,2014,30(32):54-59.

[255] 余尚剑. 节水灌溉条件下作物经济效益分析[J]. 现代经济信息,2016(14):343.

[256] 贺文静. 湖南省作物生产的生态与经济效益评估[D]. 长沙:湖南农业大学,2013.

[257] 贺斌. 计算机软件开发中 JAVA 语言的应用研究[J]. 中国设备工程,2022(11):247-249.

[258] 任子武,伞冶. 自适应遗传算法的改进及在系统辨识中应用研究[J]. 系统仿真学报,2006(1):41-43,66.

[259] 陈琳,王子微,莫玉良,等. 改进的自适应复制、交叉和突变遗传算法[J]. 计算机仿真,2022,39(8):323-326,362.

[260] 刘晓霞,窦明鑫. 种群规模对遗传算法性能的影响[J]. 合作经济与科技,2012(7):116-118.

[261] 殷玲玲,苏剑锋. 基于初始种群对遗传算法的收敛性探讨[J]. 太原师范学院学报(自然科学版),2020,19(1):54-57.

[262] 王泽义. 河西绿洲冷凉灌区板蓝根对膜下滴灌水分调亏的响应[D]. 兰州:甘肃农业大学,2019.

[263] 张恒嘉,李晶. 绿洲膜下滴灌调亏马铃薯光合生理特性与水分利用[J]. 农业机械学报,2013,44(10):143-151.

[264] 王世杰,张恒嘉,巴玉春,等. 调亏灌溉对膜下滴灌辣椒生长及水分利用的影响[J]. 干旱地区农业研究,2018,36(3):31-38.

[265] 张景平,王忠静. 中国干旱区水资源管理中的政府角色演进:以河西走廊为中心的长时段考察[J]. 陕西师范大学学报(哲学社会科学版),2020,49(2):39-51.

[266] 张维康. 农民农业水费支付心理决策机理:基于心理账户视角的实证研究[D]. 雅安:四川农业大学,2015.

[267] 张建设. 河西走廊水资源利用与生态安全保障[J]. 新农业,2021(24):62.

[268] Xiucheng H, Huizhen Q, Kuizhong X, et al. Effects of water saving and nitrogen reduction on the yield, quality, water and nitrogen use efficiency of Isatis indigotica in Hexi Oasis[J]. Scientific Reports,2022,12(1):550.

[269] 李中恺,刘鹄,赵文智. 作物水分生产函数研究进展[J]. 中国生态农业学报, 2018,26(12):1781-1794.

[270] 李文玲,孙西欢,张建华,等. 水氮耦合对膜下滴灌设施番茄水氮生产函数影响研究[J]. 灌溉排水学报,2021,40(1):47-54.

[271] 王则玉,马晓鹏,刘国宏,等. 基于 Jensen 模型的红枣水分生产函数及敏感指数研究[J]. 新疆农业科学,2017,54(4):634-638.

[272] 王康,沈荣开,沈言俐,等. 作物水分与氮素生产函数的实验研究[J]. 水科学进展,2002(3):308-312.

[273] 周智伟,尚松浩,雷志栋.冬小麦水肥生产函数的Jensen模型和人工神经网络模型及其应用[J].水科学进展,2003(3):280-284.

[274] 孙爱华,华信,朱士江,等.节水灌溉水稻水氮生产函数模型试验研究[J].安徽农业科学,2014,42(33):11704-11706.

[275] 李寿声,沈菊琴.水稻水、肥生产函数及优化灌溉模式[J].水利学报,1997(10):18-24.

[276] Jinyu H,Bo M,Juncang T. Water production function and optimal irrigation schedule for rice (Oryzasativa L.) cultivation with drip irrigation under plastic film-mulched[J]. Scientific Reports, 2022,12(1):17243.

[277] Tewolde H,Fernandez C J. Vegetative and reproductive dry weight inhibition in nitrogen and phosphorus-deficient Pima cotton[J]. Journal of Plant Nutrition,2008,20:219-232.

[278] 唐仲霞,齐广平,银敏华,等.水氮调控对无芒雀麦氮磷钾累积、品质及水氮利用的影响[J].中国草地学报,2023,45(5):60-70.

[279] 赵莎,李为萍,冯梁,等.水氮调控对暗管农田土壤脱盐效果及向日葵产量品质的影响[J].水土保持学报,2023,37(5):275-282.

[280] 孟妍君,马鑫颖,宋晨,等.水氮调控对棉花生理性状及产量的影响[J].中国生态农业学报(中英文),2023,31(9):1379-1391.

[281] Yingpan Y,Juan Y,Zhenghu M, et al. Water and Nitrogen Regulation Effects and System Optimization for Potato (Solanum tuberosum L.) under Film Drip Irrigation in the Dry Zone of Ningxia China[J]. Agronomy,2023,13(2):308.

[282] 孙云云,刘方明,高玉山,等.吉林西部膜下滴灌水氮调控对玉米生长及水肥利用的影响[J].灌溉排水学报,2020,39(11):76-82.

[283] 薛良震.滴灌水氮调控对小麦植株干物质积累特性的影响[J].农村实用技术,2019(10):24-25.

[284] 胡家齐.调亏灌溉与施氮对花生产量及水氮利用的影响[D].沈阳:沈阳农业大学,2018.

[285] 张芳园,刘玉春,蔡伟,等.水氮调控对日光温室番茄生长和产量的影响[J].中国农村水利水电,2018(4):1-5,9.

[286] 张志远,李玉庆.我国水肥耦合研究热点及趋势探析[J].安徽农业科学,2022,50(5):220-223,227.

[287] 龚少红.水稻水肥高效利用机理及模型研究[D].武汉:武汉大学,2005.

[288] Xun W,Jianchu S,Ting Z, et al. Crop yield estimation and irrigation scheduling optimization using a root-weighted soil water availability based water production function[J]. Field Crops Research,2022, 284:10857P.

[289] 李文惠,尹光华,谷健,等.膜下滴灌水氮耦合对春玉米产量和水分利用效率的影响[J].生态学杂志,2015,34(12):3397-3401.

[290] 邓庆玲,崔宁博,陈飞,等.滴灌脐橙产量和品质的水肥生产函数研究[J].干旱地区农业研究,2023,41(5):80-88.

[291] 尹希,邵东国,李浩鑫,等.南方旱稻水分生产函数模型研究[J].灌溉排水学报,2015,34(增刊):131-133.

[292] 任秋实,孙兆军,王力,等.宁夏扬黄灌区马铃薯水分生产函数试验研究[J].节水灌溉,2019(2):43-46,58.

[293] 吴卫熊.甘蔗水肥效应及其生长参数的无人机光谱监测模型研究[D].邯郸:河北工程大学,2023.

[294] 崔兴华.基于神经网络的玉米水肥智能决策系统软件开发研究[D].乌鲁木齐:新疆农业大

学,2022.

[295] 辛忠伟.基于 PLC 的果园水肥一体化自动控制系统设计[D].保定:河北农业大学,2018.

[296] Pavitra K,Hin S L,Syuhadaa N M, et al. Enhancement of nitrogen prediction accuracy through a new hybrid model using ant colony optimization and an Elman neural network[J]. Engineering Applications of Computational Fluid Mechanics,2021,15(1):1843-1867.

[297] 黄祖胜.基于虚拟模型的作物种植模式优化研究[D].杭州:浙江工业大学,2019.

[298] 戴文智,杨新乐.线性变化参数的粒子群优化算法[J].生物数学学报,2014,29(1):123-130.

[299] 樊伟萍,李秦.改进惯性权重的粒子群优化算法[J].河西学院学报,2020,36(5):32-37.

[300] 屈文婷.基于粒子群算法及 RBF 神经网络技术的粮食产量预测方法[D].新乡:河南师范大学,2016.

[301] 高金武,贾志桓,王向阳,等.基于 PSO-LSTM 的质子交换膜燃料电池退化趋势预测[J].吉林大学学报(工学版),2022,52(9):2192-2202.

[302] 王仰仁,荣丰涛,李从民,等.水分敏感指数累积曲线参数研究[J].山西水利科技,1997(4):20-24.

[303] 刘世全.膜下滴灌番茄对水氮供应的响应研究[D].杨凌:西北农林科技大学,2014.

[304] 李亚龙,崔远来,李远华.作物水氮生产函数研究进展[J].水利学报,2006(6):704-710.

[305] 王玉才,何秀成,王泽义,等.水氮耦合对菘蓝耗水和土壤水分的影响[J].农业工程,2021,11(9):47-54.

[306] 张萌.不同水氮耦合方式对玉米氮素吸收积累及利用效率的影响[D].长春:吉林农业大学,2015.

[307] 魏小东.膜下滴灌条件下马铃薯水氮耦合试验研究[D].银川:宁夏大学,2022.